室内设计初步

第 2 版

周 健 马松影

卓 娜 林 阳 李 洋 编 著

机械工业出版社
CHINA MACHINE PRESS

本书系统介绍了室内设计的必备知识,包括室内设计的含义、内容及相关学科,中外室内设计的发展历程,室内空间的构成元素、基本形态、限定方式、组织方式及室内设计的空间序列。并结合实例讲解了室内设计的工作方法、程序及表现方式,室内设计识图与制图,设计任务书及设计范例。室内设计初步训练部分则结合室内设计入门必须掌握的内容,列出 5 个训练项目,着重培养设计能力。全书图文并茂,清晰易读,可作为高等院校室内设计、建筑装饰和建筑学专业的教材或教学参考用书,也可供室内设计师及相关从业人员阅读、参考。

图书在版编目(CIP)数据

室内设计初步 / 周健等编著 . —2 版 . —北京:机械工业出版社,2018. 5(2025.1 重印)

ISBN 978-7-111-59250-1

Ⅰ . ①室… Ⅱ . ①周… Ⅲ . ①室内装饰设计 Ⅳ . ① TU238

中国版本图书馆 CIP 数据核字(2018)第 036259 号

机械工业出版社(北京市百万庄大街 22 号 邮政编码 100037)
策划编辑:赵 荣 责任编辑:赵 荣
责任校对:潘 蕊 封面设计:鞠 杨
责任印制:张 博
北京雁林吉兆印刷有限公司印刷
2025 年 1 月第 2 版第 4 次印刷
184mm×260mm · 13 印张 · 2 插页 · 304 千字
标准书号:ISBN 978-7-111-59250-1
定价:59.00 元

电话服务 网络服务
客服电话:010-88361066 机 工 官 网:www.cmpbook.com
010-88379833 机 工 官 博:weibo.com/cmp1952
010-68326294 金 书 网:www.golden-book.com
封底无防伪标均为盗版 机工教育服务网:www.cmpedu.com

第2版前言

本书自2011年12月出版至今，已历经6年时间。在这6年当中，通过出版反馈信息，我们得知本书被众多大专院校作为室内设计专业的必修课教材使用，这对我们来说无疑是一种莫大的鼓励，同时也是对我们继续努力的鞭策。由于室内设计本身具有与时俱进的特性，我们结合近年来教学改革的经验，对本书进行了修订。

本书的修订工作分工如下：福建工程学院马松影（第1章和第5章）；福建工程学院李洋（第2章的2.1和2.3节），浙江工业大学之江学院周健（第2章的2.2节和2.4节）；福建工程学院林阳（第3章），福建工程学院卓娜（第4章、第6章和第7章）。书中难免出现缺点与错误，我们恳请广大读者、同行批评指正。

周 健

前　言

室内设计在中国有着悠久的历史。早在商代就已经出现了在室内张挂锦绣帷帐以装饰内壁的做法，这种以软装饰性材料作为室内空间设计元素的手法在当代也颇为流行。陕西凤翔春秋秦都雍城遗址出土的青铜构件"金釭"，将建筑的结构功能和室内的装饰意义完美地结合起来，对当代室内设计颇具启发。若是以当代设计理论的观点和提法来看，它还蕴含着一种"适度设计和有节制的设计"的思想。汉长安城未央宫中的后妃居住的寝宫美其名曰"椒房殿"，这种用花椒和泥涂抹墙壁，取花椒多子多福之吉意的做法不存于今，但是现代家居装修在铺设木地板的时候往往还保留着铺一层花椒以防虫的做法。唐长安城大明宫麟德殿是中国古代最大的殿堂，其室内空间以便于采光的隔扇或棂窗障日版之类的轻质隔断做分隔，以便于不同规模的宴会使用，体现了室内空间设计的灵活性与多功能性，可以说是现代宴会厅室内设计的"原型"。以上列举的是室内设计历史与室内设计理论之间的一些交融或渗透的现象，这种"瞻前顾后"式的古今互动与思维穿梭从一个侧面也反映了室内设计学科的丰富性与复杂性。

"室内设计初步"正是室内设计专业学生入门学习阶段的一门基础课程。学生在这门课程的学习中，一是要通过课堂了解室内设计的基本知识和历史理论，培养兴趣，启发思维，逐步入门；二是要通过作业练习掌握室内设计的表现方法和图样语言，反复训练，掌握技巧，磨炼意志。吴良镛先生在谈及梁思成先生的建筑画时，曾用"严谨、守拙、简练"三词概括。我想"严谨"是一种习惯，"守拙"是一种态度，而"简练"则是历经这个过程之后所达到的必然境界，任何学科的学习都是如此。

本书的编写得到了杨鸿勋先生、朱永春教授、陈新生教授、郭端本教授、薛光弼教授、林从华教授、何其秋先生、李宗山先生、张雷先生、叶锐先生、鹿鹏先生、郑建刚先生、陈海霞女士、陈宇飞副教授、黄东海副教授、孙群副教授、钟旭东副教授、魏峰副教授、薛小敏老师、丁榕锋老师、张实老师及张秋月同学等的热情鼓励和帮助。洪媛、肖翊、周望锋、段勤颖、孙颖、王玮、郑凯华、董肖秀、李小梅、吴晓光、杨秋月、陈梅兰、李园、董彦敏、黄璜及张卫海等同学提供了优秀的作业。深圳大壹空间和上海金字塔3D数码机构提供了宝贵的资料。在此一并表示感谢！我们还要对机械工业出版社的编辑们，尤其是赵荣老师，表示深深的谢意！他们为本书的出版提供了诸多的支持和建议，并付出了辛勤的劳动。

本书由几位作者合作完成：第1章和第5章由福建工程学院建筑与规划系马松影编写；第2章的2.1节和2.3节由福建工程学院建筑与规划系李洋编写，2.2节和2.4节由浙江工业大学之江学院周健编写；第3章由福建工程学院建筑与规划系林阳编写；第4章由福建工程学院建筑与规划系卓娜编写，深圳市大壹空间室内设计有限公司张雷提供本章的大量资料；第6章和第7章由福建工程学院建筑与规划系卓娜编写。本书若有疏漏之处，编者真诚希望各位专家学者和广大读者给予指正！

李　洋

目　录

第1章
室内设计概论

1.1 室内设计的含义

　　室内设计是一门综合而复杂的学科，同时又是一门相对独立而年轻的学科。理解室内设计的概念有必要先了解室内空间的含义及设计的含义。

1.1.1 室内空间的含义

　　在人类文明的发展过程中，不可避免地存在一定的社会意识和社会行为。而这些行为大都是在一定的空间中完成的。就建筑物而言，空间一般是指由一定的结构或界面所限定并围合出的一个区域中的"虚空"的范围。室内相对室外而言，是指空间的内部。由此我们还可以了解，有六个界面的六面体空间是最密闭的空间。对于一个六面体空间来说，室内和室外部分很容易区分。但对于少于六个界面的空间来说，室内与室外的空间关系就比较难于区别。不过我们可以通过生活中的一些经验归纳出它们的区别。在空间中，顶界面的存在与否可以使空间的使用有质的区别。例如，有顶部的入口雨篷，就可以为你遮阳挡雨（图1-1）；而徒具四壁的空间，却不能为你遮挡风雨，通常我们称它们为"天井"或"院子"（图1-2、图1-3）。由此可见，是否拥有顶界面是区分室内外空间的重要标志。

图1-1　广州海航威斯汀酒店入口雨篷　　图1-2　杭州中国美术学院象山校区的　　图1-3　西安化觉巷清
　　　　　　　　　　　　　　　　　　　　　　　　　天井　　　　　　　　　　　　　真寺的院落

1.1.2 设计的含义

　　"设计"一词在《辞海》中的解释是：根据一定的目的要求，预先指定方案、图样等。对空间的设计就可以认为是为达到某种空间需要，而预先指定空间安排的方案及空间中界面的图样等。因此，空间的设计实质是一个寻求解决问题的方法的过程，是在有明确目的的引导下有意识的创造，是对人与人、人与物、物与物之间关系问题的求解，是生活方式的体现，是知识价值的体现。

1.1.3 室内设计的概念

室内设计是指在空间中室内部分的设计，由于室内设计是一门相对年轻而又独立的学科，自身的发展历史不长，于是对室内设计的理解就有多种说法。

在《辞海》中，把室内设计定义为："对建筑内部空间进行功能、技术、艺术的综合设计。根据建筑物的使用性质（生产或生活）、所处环境和相应标准，运用技术手段和造型艺术、人体工程学等知识，创造舒适、优美的室内环境，以满足使用和审美要求。"⊖

《中国大百科全书：建筑·园林·城市规划》则把室内设计定义为："建筑设计的组成部分，旨在创造合理、舒适、优美的室内环境，以满足使用和审美的要求。"⊜

综合以上的理解，我们可以把室内设计概括为：室内设计是建筑内部空间的深入设计，它受空间及界面的制约，根据内部空间中人的社会行为与社会意识的需要，运用一定的技术手段与艺术手法，对空间内部进行有意识的再创造。通过解决人与内部环境的各种关系问题，营造适宜的内部环境。

随着人们生活环境的不断改变以及生活方式的不断变化，室内设计的对象并不仅仅只是针对建筑物的内部空间，还应该包含诸如汽车、轮船、火车及飞机等交通工具的内舱设计，它们的设计也具有强烈的室内特征（图1-4~图1-6）。

图1-4 "海上亚历山大"游艇的客厅　图1-5 "海上亚历山大"游艇的楼梯　图1-6 "海上亚历山大"游艇的卧室

1.2 室内设计的内容

室内设计主要是解决人与环境之间的关系问题，因此涉及人的方方面面。这也决定了室内设计是一门与人密切相关的综合性极强的复杂学科，它涉及了多门学科的综合应用（图1-7）。归纳来讲，室内设计的内容主要包含室内空间设计、室内建筑的实体构件

⊖ 辞海编辑委员会. 辞海[M]. 上海：上海辞书出版社，2000：2896.
⊜ 中国大百科全书出版社编辑部. 中国大百科全书：建筑·园林·城市规划（图文数据光盘）[DB/CD]. 北京：中国大百科全书出版社，2000，室内设计条目，高明权撰稿.

设计、室内家具与陈设设计及室内物理环境设计。

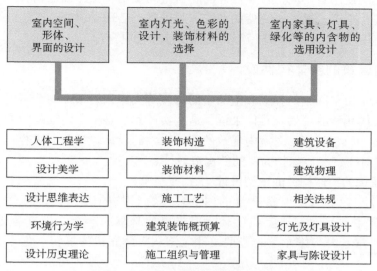

图1-7　室内设计的主要内容及相关学科

1.2.1　室内空间设计

　　室内空间是客观存在的，并且与我们的主观感受密切相关。我们对于室内空间的感受主要来自于空间中的界面和空间中的实体元素。在建筑中，限定出空间的这些元素体现为建筑中的梁、柱、墙面、地面、顶棚及一些室内家具等。而人的社会活动是在这些元素所围合成的一个"虚空"的部分中进行的。这个"虚空"的部分就是空间。对于空间的描述，正如老子所阐述："凿户牖以为室，当其无，有室之用。故有之以为利，无之以为用。"我们建造房子的目的不是为了砌墙、造门，而是为了其中为"无"的那部分，也就是空间，用空间来容纳人类的活动。室内空间设计就是利用一系列的实体元素对室内空间进行再限定、再组织、再排列等的一种空间创造活动。

　　虽然室内空间是客观存在的，但是室内空间的产生源于人类社会生活的需要。因此，人在空间中所产生的空间体验也是空间创造的重要影响因素。于是，通常我们将由界面和实体元素限定的空间称为"三维空间"，而由于人在行动中连续变换视点和角度所产生的以时间来度量的空间就称为"第四度空间"，即"四维空间"。在室内空间设计中加入了时间因素的四维空间的创造为室内设计带来了重要的主观因素，也使室内设计更加具有人性化的意义。因此，我们在进行室内空间设计时就要多研究与人类生活密切联系的空间流线、空间使用内容及空间使用者等内容。

1. 空间流线

　　在室内空间的具体设计过程中，将涉及空间中人类活动的内容、空间使用者的规划以及使用者的活动流线等。

2. 空间使用内容

　　人类活动的内容大体可归纳为：衣、食、住、行等。由此衍生出餐饮空间、睡眠空间、洗漱空间、娱乐休闲空间、办公空间、储藏空间、交流空间、展示空间等。

3. 空间使用者

不同的空间使用者不同，在做设计前要对空间使用者做详细地调查，并对使用者的性别、年龄进行定位；继而研究使用者的行为需要、心理需求等，于是就可以规划空间中使用者的使用流程、流线、路径等，这样设计才能更合理。

1.2.2　室内建筑的实体构件设计

室内空间是由空间中的界面和空间中的构件等实体元素限定的，室内设计包含了对空间中这些实体元素的处理。具体来说，这些实体元素是指室内空间中的墙面、地面、顶棚、梁、柱、门、窗等。对室内建筑的实体构件的设计包括两大内容：一是以装饰为目的的造型设计，二是以保护为目的的构造设计。

1. 室内建筑的实体构件的造型设计

室内设计是以为人类营造适合的内部环境为目的的创造活动，而人类对内部环境的直观感觉主要来自对于室内实体元素的感官体验。因此，为了唤起人在空间中的感官体验，对室内实体元素的造型设计应该从实体元素的形状、色彩、图案和材质入手。

室内建筑的实体构件与室内空间是相互依托而存在，对于实体构件的造型设计要充分考虑室内空间的环境需要。例如，在表达民族风格的室内空间环境时，可以在实体构件上装饰以民族图案及民族色彩（图1-8）；在表达具有高科技的现代气息的空间环境时，可以在实体构件的表面装饰以玻璃、不锈钢等冷硬的材质及简洁形状的造型（图1-9）；在表达自然的乡土气息的室内空间环境时，则可以利用粗糙肌理的石材、自然状态的竹、藤等装饰这些实体构件（图1-10）。

图1-8　广州花园酒店入口门厅

图1-9　广州中信广场电梯厅

图1-10　广东番禺长隆度假酒店室内走道

同时通过室内建筑实体构件的合理的造型设计还可以改善室内空间感。例如，利用界面的水平划分造型可以使室内空间更显舒展（图1-11）；利用界面的垂直划分造型可以借助人的视觉感受在垂直方向上拉伸空间，减弱室内空间的压抑感（图1-12）；在界面上运用镜面，则可以大大扩展室内空间的视觉尺度等（图1-13）。

图1-11 广东番禺长隆度假酒店室内　　图1-12 广东番禺星河湾酒店　　图1-13 广州威尼国际酒店电梯厅

2. 室内建筑的实体构件的构造设计

室内建筑的实体构件的构造设计，主要是解决室内空间的功能需求和对建筑构件的以保护为目的的实体表面装饰。实体构件的构造设计主要涉及材料的选择、施工工艺以及它们之间的连接方式。例如，当室内空间有防水、防火、隔声、隔热等功能需要时，在室内建筑的实体构件的构造设计中，可以使用防水、防火的材料、具有隔声性能的空腔结构、具有热反射特点的隔热玻璃等。通过一定的施工工艺和材料构造的连接方式对室内建筑的实体装饰构件进行表面装饰。

另外，人们在室内空间进行的行为活动以及自然界的气候变化都会对建筑实体构件造成影响或破坏。为了使室内空间的耐久性增强，就需要对建筑构件进行保护。这也是对室内建筑的实体构件进行构造设计的另一个目的。例如，室内钢铁件会因为空气的氧化而生锈；木材会因为空气的潮湿而腐烂；地板会因为人为的摩擦而损坏；墙体也会因为人为的磕碰而缺棱掉角等。为此，常常需要采用对室内建筑的实体构件进行覆盖、加固、隔离等方式达到对实体构件的保护。

1.2.3 室内家具与陈设设计

1. 室内家具设计

家具是人们在室内空间进行生活和活动所不可缺少的器具。而家具的设计具有两重性：一是使用器具；二是空间环境的精神产品。即家具设计首先应该满足使用的要求，其次应为室内环境的营造提供造型需要。

有数据显示，人每天大约有三分之二的时间是在家具上消磨的。因此作为室内空间中人的主要使用器具，家具设计应该首先讲求它的功能性及使用的舒适性。家具的主要使用功能有坐卧、承载、储藏及间隔等。相应的家具种类有坐具、卧具、承具、架具、屏具等。在室内空间主要体现为桌、椅、床、茶几、承架、柜子及屏风等。家具从构造及材质上可以分为框架家具、板式家具、充气家具、浇铸家具及藤编家具等。家具在室内设计中还可以起到分隔及填补空间的作用。

通常家具占室内空间的面积大约35%以上，占地面积大，因此家具是空间环境气氛营造的一个重要因素。不同时代、不同地域的家具在室内空间中的运用将对室内空间风格的时代性及地域性的彰显起决定性作用。因此在对室内家具的造型设计中要充分考虑不同时代、不同地域的家具特点。从时间上，可以把家具分成古典家具和现代家具；从地域上，又可以把家具分为中式古典家具和西式古典家具。中式古典家具的发展经历了由席地而坐到垂足而坐的家具形制（图1-14、图1-15）；经历了由简到繁的装饰过程；经历了由单一民族特色到多民族特色融合的过程。而西方古典家具的发展也经历了由简到繁的装饰过程。

随着科技的发展，现代家具在材料的使用上有了更多方式的变化，在形式风格上也出现了多元风格并存。纵观家具的发展历程，对于未来家具的发展将形成几个趋势：一是新材料的运用；二是民族风格的传承；三是艺术主导潮流；四是与空间环境融为一体。总的说来，对于室内家具设计应该基于整体空间大环境的实用性与装饰性的高度统一（图1-16）。

2. 室内陈设设计

对于"陈设"的解释，从字面上看，作为动词有排列、布置、安排、展示的含义；作为名词有摆放、设置之意。室内陈设是指室内

图1-14 从席地而坐到垂足而坐的家具演变

图1-15　杭州胡雪岩故居"清雅堂"室内

图1-16 广州国际家具博览会的当代家具设计
作品

除固定的建筑实体构件及设备外的一切实用的可供观赏的陈设物。室内陈设设计包含了对简单的可移动家具、室内织物、室内绿化、室内观赏动物、室内日用品、室内艺术品等的挑选、搭配、加工及布置。室内陈设具有可移动、更换简单的特点，主要起到装饰、点缀、美化空间的效果。室内陈设设计可以强化室内环境风格；可以柔和室内空间；可以调节室内环境色彩；还可以陶冶人的品性情操，并反映空间使用者的个人爱好（图1-17、图1-18）。因此，室内陈设设计应该把握陈设品自身的艺术性和与空间的协调性。而经过设计师加工后的具有创新精神的陈设品会使空间更具有趣味性和个性（图1-19）。

图1-17 广州中国大酒店大堂陈设品

图1-18 广州中国大酒店电梯周围的陈设品

图1-19 广东番禺长隆度假酒店室内陈设品

1.2.4 室内物理环境设计

室内物理环境与人体健康和舒适度有着密切的关系。适宜的室内物理环境有助于人们的身心健康和工作效率的提高，同时对室内的生态环保也具有重要意义。室内物理环境可具体分为室内空气环境、室内声环境、室内光环境及室内热环境四部分内容。

1. 室内空气环境

经过专家检测发现，在室内空气中存在500多种挥发性有机物，其中影响人们身体健康的有200多种，危害较大的主要有氡、甲醛、苯及二甲苯等。室内空气环境的问题已经成为世界各国共同关注的问题。

在对室内进行改造的过程使用了各种天然及人造材料，这些材料中含有大量对人体有害的物质，这些物质挥发到空气中，就造成了室内空气的污染。因此在室内设计过程中，对材料的选择和使用上要充分考虑它将对室内环境造成的污染程度。研究表明，室内空气的污染程度要比室外空气严重2~5倍，在特殊情况下可达到100倍。因此，在室内设计过程中应该通过合理的空间布局使室内能够自然有效地通风换气，以改善室内空气质量。

另外，人在室内的活动过程中也会产生各种难闻的气味和不良气体，在室内设计中应考虑合理的排气次数和换气量（见表1-1）。

表1-1 居住及公共建筑室内排气次数或换气量

房 间 名 称	每小时排气的次数或换气次量
住宅宿舍的居室	1.0
住宅的厕所	25m³
住宅宿舍的盥洗室	0.5~1.0
住宅宿舍的浴室	1.0~3.0

（续）

房间名称	每小时排气的次数或换气次量
住宅的厨房	3.0
食堂的厨房	1.0
厨房的储藏室（米、面）	0.5
托幼的厕所	5.0
托幼的盥洗室	2.0
托幼的浴室	1.5
公共厕所	每个大便器40m³，每个小便器20m³
学校礼堂	1.5
电影院剧场的观众厅	每人10~20m³
电影院的放映室	每台弧光灯700m³

注：1. 每小时排气次数=换气量（m³/h）/房屋容量（m³）。

　　2. 表中的排气的换气次数或换气量均为机械通风，在有组织的自然通风设计中，可适当减小，但不能少于自然渗透量。

　　3. 本表适合较高标准的设计和寒冷地区的设计；不是太冷或在南方温热地区，靠门窗的无组织的穿堂风足以满足表中的要求，所以设计时须因地制宜地考虑。

　　4. 此表引自《建筑设计资料集》编委会. 建筑设计资料集2[M]. 2版. 北京：中国建筑工业出版社，1994：225，表2。

2. 室内声环境

室内声环境设计包含有两项内容：一是满足音响方面的功能要求，营造室内所需要的优美音乐的声环境。对此需要解决声音的清晰度及声压级、响度及混响时间等问题。一般是指歌舞厅、音乐教室、多功能厅及音乐剧场等对室内声环境要求较高的场所。二是针对室内吸声减噪的要求，营造室内所需要的舒适声环境。这种情况一般是针对家居、办公室等空间。通过室内界面的吸声、隔声来达到减噪效果。例如：室内悬挂柔软的窗帘，地面铺设地毯，墙面使用中空玻璃等。

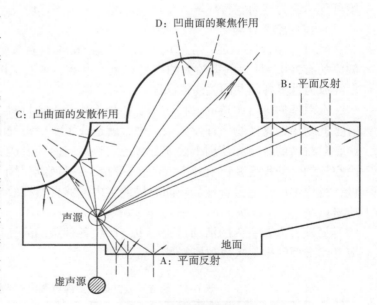

图1-20　室内不同形状界面的声音反射

与室内声环境相关的因素还有很多，如室内空间形状、室内容积、界面造型、材料结构、室内家具及陈设等（图1-20）。只有综合处理诸多因素，才能创造一个品质良好的室内声环境（见表1-2、表1-3）。

表1-2 噪声级大小与主观感觉

噪声级A/dB	主观感觉	实际情况或要求
0		正常的听阈，声压级参考值2×10^{-5}（N/m²）
5	听不见	
15	勉强能听见	手表嘀嗒声、平稳的呼吸声
20	极其寂静	录音棚与播音室；理想的本底噪声级
25	寂静	音乐厅、夜间的医院病房；理想的本底噪声级
30	非常安静	夜间医院病房的实际噪声
35	非常安静	夜间的最大允许声级
40	安静	教室、安静区以及其他特殊区域的起居室
45	比较安静	住宅区中的起居室，要求精力高度集中的临界范围。例如，小电冰箱，撕碎小纸的噪声
50	轻度干扰	小电冰箱的噪声，保证睡眠的最大值
60	干扰	中等大小的谈话声，保证交谈清晰的最大值
70	较响	普通打字机打字声，会堂中的演讲声
80	响	盥洗室冲水的噪声，有打字声的办公室，音量开大了的收音机音乐
90	很响	印刷厂噪声，听力保护的最大值；国家《工业企业噪声卫生标准》规定值
100	很响	管弦乐队演奏的最强音；剪板机机械声
110	难以忍受	大型纺织厂、木材加工机械
120	难以忍受	痛阈、喷气式飞机起飞（100m距离左右）
125	难以忍受	螺旋桨驱动的飞机
130	有痛感	距空袭警报器1m处
140	有不能恢复的神经损伤的危险	在小型喷气发动机试运转的试验室里

注：此表引自《建筑设计资料集》编委会. 建筑设计资料集2[M]. 2版. 北京：中国建筑工业出版社，1994：134，表1。

表1-3 室内允许噪声级（昼间）

建筑类别	房间名称	允许噪声声别（A声级/dB）			
		特级	一级	二级	三级
住宅	卧室、书房	—	≤40	≤45	≤50
	起居室	—	≤45	≤50	≤50
学校	有特殊安静要求的房间	—	≤40	—	—
	一般教室	—	—	≤50	—
	无特殊安静要求的房间	—	—	—	≤55
医院	病房、医务人员休息室	—	≤40	≤45	≤50
	门诊室	—	≤55	≤55	≤60
	手术室	—	≤45	≤45	≤50
	听力测听室	—	≤25	≤25	≤30

（续）

建筑类别	房间名称	允许噪声声别（A声级/dB）			
		特级	一级	二级	三级
旅馆	客房	≤35	≤40	≤45	≤55
	会议室	≤40	≤45	≤50	≤50
	多用途大厅	≤40	≤45	≤50	—
	办公室	≤45	≤50	≤55	≤55
	餐厅、宴会厅	≤50	≤55	≤60	—

注： 1. 夜间室内允许噪声级的数值比昼间小10dB（A）。
　　 2. 此表引自中华人民共和国建设部，中华人民共和国国家质量监督检验检疫总局. GB50352—2005民用建筑设计通则[S]. 北京：中国建筑工业出版社，2005：表7.5.1。

3.室内光环境

光是营造室内环境的重要手段。光环境的设计包含自然光和人工光的设计。自然光是由外环境提供的。充分利用自然光能减少室内照明能耗，同时提供室内更健康积极的环境。而且自然光变化丰富，能够对四维空间室内环境的营造提供丰富的艺术手段。而人工光则通常是在自然光不能满足需求的条件下运用的。此外对于特殊的环境，人工光的使用还可以使空间具有多样性、艺术性和科技性。例如，舞台的光环境，陈设品的照明以及文物珠宝的照明等。

室内光环境的设计需要实现对光的几个影响因素的把握。首先是光本身及在传播过程中产生的光通量、照度、发光强度、均匀度、亮度、显色性、色温等；其次是光对人体产生的影响，如光的方向性，不舒适的眩光、失能眩光等；再有就是材质、物体对光的反映，如阴影、物体表面光泽度、光的反射、折射、投射效果及光环境下物体的明暗变化等。

4.室内热环境

室内热环境受室外热作用和室内热作用的共同影响。室外热作用主要是太阳热辐射、空气温湿度及气候变化等。室内热作用主要是室内空气的温湿度、人类行为散发的热量与水分等。室内热环境不但影响建筑物的耐久性而且影响人体的健康与舒适感（见表1-4）。

表1-4　室内热环境的主要参照指标

项　目	允 许 值	最 佳 值
室内温度/℃	12~32	20~22（冬季） 22~25（夏季）
相对湿度（%）	15~80	30~45（冬季） 30~60（夏季）
气流速度/（m/s）	0.05~0.2（冬季） 0.15~0.9（夏季）	0.1
室温与墙面温差/℃	6~7	<2.5（冬季）

（续）

项　　目	允　许　值	最　佳　值
室温与地面温差/℃	3~4	<1.5（冬季）
室温与顶棚温差/℃	4.5~5.5	<20（冬季）

注：此表引自《建筑设计资料集》编委会. 建筑设计资料集6[M]. 2版. 北京：中国建筑工业出版社，1994:126，表1。

因此室内热环境设计主要解决室内的保温、隔热、防潮等问题，避免过冷、过热，以营造舒适的生活环境。

对室内热环境的设计主要把握以下几个因素：一是室内温度，可以采取对外墙隔热保温等措施。二是室内空气湿度。湿空气是指干空气与水蒸气的混合物。空气的湿度不但对人体健康有影响，而且对室内材料也会产生一定影响，从而影响室内的耐久性。在室内设计过程中可以利用一些材料的调湿特性来调节室内的湿度。三是温差造成的热传递。热传递的基本方式有导热、对流和辐射三种。设计中利用导热性较差的材料可以减少人对室内材料接触过程中产生的温差不适感，利用合理的室内空间设计来增强空气对流，以避免人在室内空间转换中由于温差带来的不适感。

1.3 室内设计的相关学科

室内设计是一门综合性学科，不仅具有艺术性与科学性的双重属性，其涉及的专业涵盖面广、涉及的学科多。室内设计涉及的相关学科有人体工程学、环境行为学、建筑装饰构造、施工组织与管理等。这里主要介绍人体工程学和环境行为学。

1.3.1 人体工程学

人体工程学是研究人与工程系统及其环境相关的科学。凡是涉及与人体相关的事和物就会涉及人体工程学。在室内设计中主要涉及人体测量学和人体生理学。

1. 人体测量学

人体测量学是通过测量人体各部位尺寸来考虑人体尺度对生活和工作环境的影响。首先室内空间大小离不开人的尺度要求。例如一扇门的高度和宽度与人进入房间的姿势及活动范围有关。室内走道的宽度、桌椅的间距以及观众厅座椅台阶的高度与人体尺度密切相关。其次是室内家具尺度与人体尺度相关，例如座椅高度、书桌尺度、柜子高度等。

人体测量的内容主要包括人体构造尺寸、人体功能尺寸、人体重量和人体的推拉力。人体构造尺寸是人体的静态尺寸。1988年我国公布了我国人体静态尺寸的资料。我国成年人的平均身高男子167cm，女子156cm，平均体重男子59kg，女子52kg（图1-21）。但我国地域辽阔，不同地区人体尺寸存在差异。

人体功能尺寸是人体的动态尺寸，是人体活动时测量的尺寸。人体重量关系室内人体支撑物和工作面的结构，即室内地面、椅面和床等的结构强度。人体拉力关系到合理设计室内家具的开启和陈设物的移动。

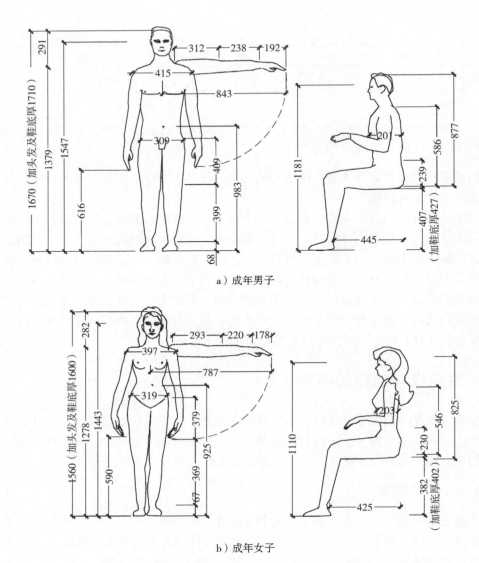

a）成年男子

b）成年女子

图1-21　中等人体地区（长江三角洲）的人体各部平均尺寸（单位/mm）

2. 人体生理学

人体生理学主要研究人体的生理器官及产生的感觉系统与环境产生的交互作用。在室内设计中，主要涉及眼、耳、鼻、口、皮肤等感觉器官产生的视觉、听觉、嗅觉、味觉和触觉以及运动觉与环境产生的交互作用。

在视域研究中发现，人眼在水平方向的视野（当为单眼时称为"单眼视区"，双眼时称为"双视视区"）在30°~60°之间颜色易于识别，在5°~30°之间字母易于识别，在10°~20°之间字体易于识别（图1-22）。垂直方向视野上，人观看物体的最佳视区是在低于水平线30°的区域内（图1-23）。而人对不同的色彩形成的视野大小也不同，白色给人的视域最大，其次是黄色、蓝色、红色和绿色（图1-24、图1-25）。利用视域的研究成果，在进行室内设计时，可以使室内环境的营造达到事半功倍的效果，使空间造型、色彩设计更合理。

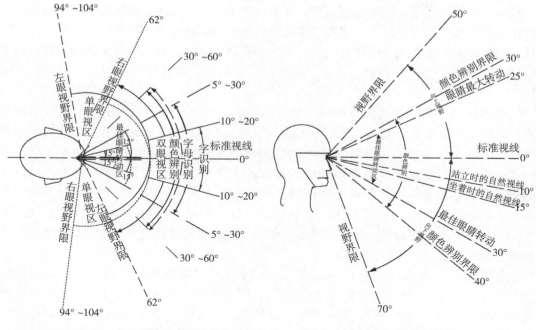

图1-22　水平面内的视野　　　　图1-23　垂直面内的视野

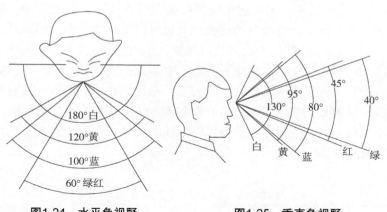

图1-24　水平色视野　　　　图1-25　垂直色视野

1.3.2　环境行为学

环境行为学也被称为环境心理学。环境心理学是心理学的一部分，它是研究人的心理和行为与环境之间关系的学科。其主要研究课题是噪声、空气污染、极端温度、拥挤、建筑等对人的心理的影响[一]。比较而言，环境行为学的研究范围比环境心理学要更窄一些，它注重环境与人的外显行为之间的关系与互相作用，因此其应用性更强[二]。

现代室内设计中强调以人为本的设计理念，除了应当满足室内空间中与人们呈显性相关的物理环境、生理环境和视觉环境这些需要之外，更应该关注与人们呈隐性相关的

[一]　辞海编辑委员会. 辞海[M]. 上海：上海辞书出版社，2000：3422.

[二]　李道增. 环境行为学概论[M]. 北京：清华大学出版社，1999：1.

心理环境因素，满足人们的心理需要。环境行为学恰恰是运用心理学的一些相关概念、理论与方法来研究人在城市、景观、建筑及室内中的心理感受和行为活动。室内设计学科合理地吸取环境行为学的研究成果，无疑会有助于室内设计学科的丰富和发展。以下以环境行为学中的"距离感"理论及其在办公空间室内设计中的应用为例进行简要阐述。

距离感是个人空间领域自我保护的尺度界定。较之领域感关注的是个人空间的边界，距离感则更加强调人与人之间所形成的间距。人们总是根据亲疏程度的不同来调整人际交往中人与人之间的间距。1966年，人类学家霍尔（Edward T.Hall，1914~2009年）在其著作《隐藏的维度》（《Hidden Dimension》）中提出了"接近学"（Proximics）的概念。霍尔根据人们之间的心理体验，按照人与人交往的亲疏程度，划分为密切距离（0~450mm）、个人距离（450~1200mm）、社会距离（1200~3600mm）和公众距离（3600~7200mm及更远的距离）四种心理距离，并且将每种距离进一步又划分为接近相和远方相两个层次。

尽管霍尔一再强调其论述的这些空间尺寸仅仅是根据北美社会白人中产阶级的习性得出的，并指出不同文化背景的人们其距离感的尺度是不同的，然而其研究对我们仍具有重要启示。就办公空间室内设计来讲，距离感的控制反映在人们在就座时选择座位的不同所暗含的心理特征。以会议桌的就座选择为例，人们在选择座位的不同方式上所带来的不同间距，可以反映出不同的人际关系。假设A与B谈话，B可以采取几种不同的位置。B1是边角位置；B2是合作位置；B3是竞争、防御性位置；B4是独立位置（图1-26）。会议桌的座位位置也可以反映空间中人们的地位高低，若会议室的门开在B的后方，A的位置则为最高位置，B的位置则次之，再依次为C、D、E的位置（图1-27）。不同会议桌桌椅布置方式也有不同的暗含内容，图1-28更适合商务谈判性会议的布置，谈判双方人员分别坐于长条形会议桌长边的两侧，具有较强的对立性和严肃性；同时谈判双方的中心人物A和B的座椅也会和其他人有所区别，以暗示其居于团队的核心地位。图1-29则更适合技术磋商性的会议桌布置，参会人员环绕圆桌讨论交流，更具有向心性和内聚力[○]。

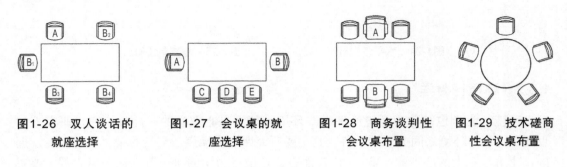

图1-26 双人谈话的
　　　就座选择

图1-27 会议桌的就
　　　座选择

图1-28 商务谈判性
　　　会议桌布置

图1-29 技术磋商
　　　性会议桌布置

──── ○ 李洋，魏峰，马松影. 办公空间室内设计中的心理环境因素研究[J]. 陕西科技大学学报：自然科学版，2009（1）：177–180。

第2章
中外室内设计发展概述

2.1 中国古代室内设计发展概述

2.1.1 原始社会时期

中国原始社会时期存在着"构木为巢"的"巢居"和"穴而处"的"穴居"两种主要构筑方式。这两种最初的居住形式经过近万年的演变，最终都发展成为地上建筑的形式—穴居演变为木骨泥墙房屋，巢居演变为干阑式建筑。陕西西安半坡村、郑州大河村和陕西西安沣西的建筑遗存，其建筑造型、构造方式、平面形态和室内空间布局的发展演变，代表了我国早期木骨泥墙房屋的发展历程。而浙江余姚河姆渡遗址中发掘的各种房屋榫卯构件，则显示了我国早期干阑式建筑的辉煌成就。辽宁建平牛河梁女神庙的室内墙面已经使用施彩画和做线脚的方式来进行室内装饰，当属我国最古老的神庙遗址室内空间界面设计的实例。原始社会时期人们席地而居，已有考古发现这一时期的各种编织席纹，此时的家具和陈设用品主要是供日常生活之用的陶器，种类较多，其设计意匠、技术工艺、造型色彩和装饰纹样对我们当今的室内设计都有很大的启示。

1. 穴居发展过程

仰韶文化早期的住房建筑遗存中有圆形平面和方形平面两种。

圆形平面住房直径为4~6m。建筑的屋顶和墙体的做法都是在木骨架上扎结枝条后再涂泥，称之为木骨泥墙结构。室内的地面和墙面均是以细泥抹面或是烧烤其表面，使之陶化，这样可以防潮防湿，也有铺设木材、芦苇等作为地面防水层的做法。仰韶文化时期的室内空间已经有了简单的功能分区，如圆形住房的平面布局是以凹下的"火塘"为中心，它是供人们炊煮食物和取暖用的，屋顶则设有排烟口。杨鸿勋先生研究认为：在圆形住房门内两侧隔墙的背后所造成两个隐退空间，即现代居住建筑尤为强调的所谓"隐奥"（secret），隐奥空间实际上初步地具备了卧室的功能⊖（图2-1）。

方形平面住房的形式多为浅穴，穴深50~80cm，其面积在20m²左右，最大的面积可以达到40m²。住房的门口有坡道通往室内，坡道上方有简单搭盖的人字形棚盖。方形住房四面的墙体也是采用木骨泥墙的结构，四面墙体的顶部向中间聚拢，同时住房室内有4根木柱作为屋顶的主要承重构件，最后形成四角攒尖状的屋顶造型。尽管由于人们对木

⊖ 杨鸿勋. 杨鸿勋建筑考古学论文集：增订版[M]. 北京：清华大学出版社，2008：43.

构结构的建造技术尚未掌握成熟，在方形住宅的四面墙体的处理上，从底部到顶部采用了倾斜墙体的形式，但是这种墙体的处理方式在客观上形成四棱锥的室内空间形态，这在室内空间的形态处理上无疑又是一个很大的进步（图2-2）。方形平面住房的室内空间也是以火塘为中心的布局方式，围绕火塘周围布置一些其他日常生活的功能空间。杨鸿勋先生研究认为：半坡时期一般住房室内空间的普遍习惯布置格局为，东南部习惯作为食物、炊具等杂物存放之用；东北隅面向入口，迎光明亮，可能是做炊事、进饮食的

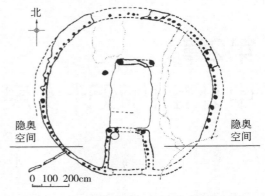

图2-1　陕西西安半坡村F22遗址平面图
（杨鸿勋复原）

地方；西南部隐奥处应是对偶卧寝所在。原始住房内部四隅的功能分配，显示了汉代礼制规定宗庙四隅——"宧"（东北）、窔（东南）、奥（西南）、屋漏（西北）的历史渊源⊖。

河南郑州大河村F1~F4遗址是仰韶文化晚期的建筑遗存。它是一座四室连间的地面建筑，F1、F2是一完整建筑，后增建F3，再增建F4，说明当时地面建筑已从单间型向多间型演进，人们已经有了分间使用房屋的意识。建筑造型高低错落，与今天普通房屋的形象已经十分相似了。F1室内还带有一个套间，表明当时人们已经能够运用隔墙或者隔断进行室内空间的二次划分，使室内空间形态的变化更加丰富多样。其内外墙面都是木骨泥墙的做法，并经过烧烤成为硬面。地面则采用了砂质土抹光烧烤的做法⊜（图2-3）。

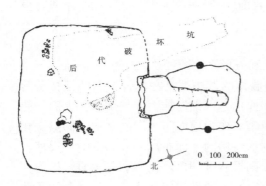

图2-2　陕西西安半坡村F37遗址平面图
（杨鸿勋复原）

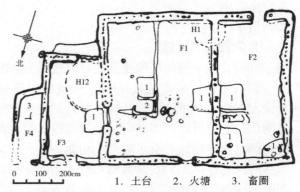

1. 土台　2. 火塘　3. 畜圈

图2-3　郑州大河村F1~F4遗址平面图
（杨鸿勋复原）

龙山文化时期出现了平面呈"吕"字形的双室相连的套间式半穴居，同时将供储藏之用的窑穴也置于室内。室内地面上涂抹有光洁坚硬的白灰面层，它是以人工烧制的石

⊖ 杨鸿勋.杨鸿勋建筑考古学论文集：增订版[M]. 北京：清华大学出版社，2008：43-44.
⊜ 侯幼彬，李婉贞.中国古代建筑历史图说[M]. 北京：中国建筑工业出版社，2002：5.

灰作为原料的，起到了很好的防潮、清洁和明亮的效果。在龙山文化遗址中还发现了土坯砖[二]（图2-4）。

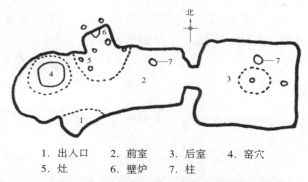

1. 出入口　2. 前室　3. 后室　4. 窖穴
5. 灶　6. 壁炉　7. 柱

图2-4　陕西西安沣西的"吕"字形半穴居遗址平面图

关于穴居的发展线索，萧默先生进行了宏观的概括，即"穴居系列建筑的发展，从剖面看大致是穴居—半穴居—地面建筑—下建台基的地面建筑，居住面逐渐升高；从平面看则是圆形—圆角方形或方形—长方形；从室数而言则是单室—吕字形平面（前后双室，或分间并连的长方形多室）。同时，它也是从不规则到规则，从没有或甚少表面加工直到使用初步的装饰。"[二]

2. 彩画和线脚

辽宁建平牛河梁女神庙遗址属于红山文化的建筑遗存，该神庙也是中国最古老的神庙遗址。神庙的房屋是在基址上挖成平坦的室内地面后再用木骨泥墙的构筑方法建造壁体和屋盖的。神庙的室内墙面已经用施彩画和做线脚的方式来进行装饰。彩画是在压平后经过烧烤的泥面上用赭红和白色描绘的几何图案，如赭红交错、黄白相间的三角纹、勾连纹（图2-5）。线脚的做法是在泥面上做成凸出的扁平线或半圆线，其形式有光面带状线脚、表面带点状圆窝的带状线脚和半混线脚三种形式[三]（图2-6）。

图2-5　辽宁建平牛河梁女神庙遗址内墙面彩绘图案残片

a）带状线脚表面带点状圆窝　b）带状线脚　c）半混线脚

图2-6　辽宁建平牛河梁女神庙遗址内墙面线脚三种

3. 席地而坐和筵席制度

中国古代人民是席地而居的生活方式。人们席地而坐，席地而居，可以说当时人们日常生活的一切活动都是在席上进行的。并且由此产生一整套的生活习惯、风俗礼仪、等级制度，也影响到人们的衣履式样、建筑格局，室内空间的尺度体系。古人这种席居

[一]　潘谷西. 中国建筑史[M]. 5版. 北京：中国建筑工业出版社，2004：17.
[二]　萧默. 中国建筑艺术史[M]. 北京：文物出版社，1999：123.
[三]　潘谷西. 中国建筑史[M]. 5版. 北京：中国建筑工业出版社，2004：18.

的生活方式也称为筵席制度或茵席制度。在浙江余姚河姆渡遗址中出土了我国现知最早的苇编残片实物，色泽鲜黄，纹理清晰。据考古专家分析推测，当时的苇席除了用于覆盖、承托茅屋顶棚外，讲究一点的苇席应主要用来铺陈坐卧，有的还可能用于分隔房间或垫铺窑穴底壁等[⊖]（图2-7）。

图2-7　浙江余姚河姆渡遗址出土的苇编残片

2.1.2　夏商与西周时期

夏商与西周时期夯土技术极其发达，表现在建筑台基和筑墙上广泛使用夯土技术，考古发掘证明我国至迟到西周末年已经使用陶瓦作为屋面的防水材料，建筑由"茅茨"演进为"瓦屋"。如河南偃师二里头一号宫殿遗址是至今我国最早的规模较大的木架夯土建筑和庭院的实例，堪称"华夏文明第一殿"；湖北黄陂盘龙城商朝宫殿北殿遗址可能是迄今所知最早的"前朝后寝"的布局实例；而陕西岐山凤雏村西周建筑遗址则保持着若干项"第一"的纪录。商周时期创造了灿烂的青铜文化，这一时期也是我国"铜制家具"的繁荣阶段，主要形式则以几、案、俎、禁为代表。河南省安阳市小屯村"妇好墓"的发掘，为我们了解商代陵墓打开了一扇窗口。从"妇好"铜偶方彝的造型上，人们还找到了中国古代建筑中最重要的发明——斗拱的雏形。

河南偃师二里头遗址是夏晚期的宫殿遗址。二里头一号宫殿基址略呈正方形（东北处缺一角），东西长约108m，南北长约100m，高0.8m。遗址未发现瓦件，宫殿的构筑方式当是以夯土为台基，以木骨泥墙结构建壁体，屋顶覆盖以树枝茅草的"茅茨土阶"形态。殿前为庭院，面积约5000m²。基址四周原有一面坡或两面坡的廊庑建筑。大门在基址南墙的中部，宽34m，有柱穴8个，其间有3条通道。东北角有小门2个，大概是所谓的闱门（图2-8a）。

根据《考工记》记载："夏后氏世室，堂修二七，广四修一。五室三四步，四三尺。九阶。四旁两夹窗，白盛。门堂三之二，室三之一。"结合遗址的柱子排列，杨鸿勋先生将殿内平面复原为"一堂"、"五室"、"四旁"、"两夹"的格局，形成一座"四阿重屋"式的殿堂。殿身平面东西长30.4m，南北宽11.4m，面阔8间，进深3间（图2-8b、c）。

《考工记》中"世室"即"太（大）室"，是指"大房间"或"大房子"。二里头一号宫殿正中有面阔6间，进深2间的"一堂"。"堂"估计是举行仪式、接见群臣、处理政务的地方，属于开敞性公共空间的性质。"一堂"后面的6开间是"五室"。"室"是有墙体和门扇围护，形成供人休息之用的卧室，其空间的私密性较强。"一堂"的左右为对称布置的"四旁"，其后部的左右角为"两夹"。"室"、"旁"、"夹"其实是现代所说的"房间"，只是它们的平面位置和使用功能不同，出于生活的方便而以其位置命名[⊖]。

⊖　李宗山. 中国家具史图说[M]. 武汉：湖北美术出版社，2001：49.
⊜　杨鸿勋. 杨鸿勋建筑考古学论文集：增订版[M]. 北京：清华大学出版社，2008：92-95.

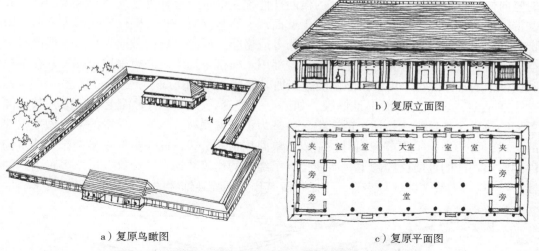

a）复原鸟瞰图

b）复原立面图

c）复原平面图

图2-8　河南偃师二里头一号宫殿遗址复原图（杨鸿勋复原）

2.1.3　春秋战国时期

春秋战国时期台榭建筑颇为流行，在宫殿建筑中以秦咸阳宫一号宫殿遗址为代表；在陵墓建筑中则以战国中山王陵为代表，其墓椁内出土的兆域铜板图是中国现知最早的建筑设计图。春秋时期是最讲礼制的时代，仅与室内设计相关的住宅形式、凭几样式、座席方式及建筑色彩方面，就都有一套相当严格并且极为细致完整的等级规范制度。春秋时期瓦已经开始普遍使用，各种瓦的类型和其上的装饰纹样都已经比较丰富。春秋中晚期以后，楚国日渐强盛，以精美的髹漆工艺和精湛榫卯工艺著称的楚式竹木制家具迅速发展并且大放异彩，不仅家具类型的品种增多，而且其设计制作也日渐成熟。同时伴随着青铜冶炼技术的发展和铁器的广泛使用，铜镜开始大量流行。战国时期还发明了铜灯。铜灯造型各异，其设计独具匠心，可谓是集实用性与艺术性于一体的优秀设计作品。春秋时期还诞生了被后世建筑工匠尊称为"祖师"的鲁班。

在陕西凤翔春秋秦都雍城遗址中先后出土了64件青铜建筑构件。大件的形制大体上可以分为内转角型、外转角型、尽端型和中段型。杨鸿勋先生研究认为，大件的用途应是宫殿中壁柱、壁带上面的构件，即金釭⊖。还有少数小型转角和梯形截面的构件，据推测应为门窗构件（图2-9）。当时大型宫殿是采用土木混合结构解决屋盖、楼层的荷载问题的，即除用木柱支承外，并多用版筑承重墙或墩、台。因为版筑承重部件耐压而不耐弯剪，所以在其两侧用木框架拢之。框架

图2-9　金釭

⊖ 釭（音刚，又读工）：①车毂内外口的铁圈，用以穿轴。王念孙《广雅疏证·释器》："凡铁之空中而受柄者谓之釭。"《新序·杂事》："方内（枘）而员（圆）釭。"②灯。江淹《别赋》："冬釭凝兮夜何长。"③古代宫室壁带上的环状金属饰物。《汉书·外戚传下》："壁带往往为黄金釭。"（引自辞海编辑委员会.辞海[M].上海：上海辞书出版社，2000：4824.）

的竖向杆件称为壁柱，联系各壁柱的横向杆件称为壁带。金釭则是加固版筑墙的壁柱和壁带的建筑构件。壁柱和壁带都是露于壁面，一般与壁面平齐。壁柱的截面为方形，壁带的截面为方形或长方形，尺寸与壁柱相等或略减。因此金釭的截面大小是方形筒状中空的，恰好可以箍套在壁柱和壁带上，端部用木楔挤紧加牢。同时根据金釭安装在壁柱和壁带上的不同部位，以不同型制的金釭加以箍套（图2-10）。

在早期，金釭的四面都是铜版，如同一个箍套，仅露明的看面上有纹饰，其功能更多的是出于建筑结构构造上的考虑。后来为了节省铜料，将嵌入壁中的部分做成框架的形式。再后来为了更节省铜料，做成了单面片状的形式，此时金釭在早期作为建筑构件的实用功能的性质已经隐退，而演化为了纯粹的建筑装饰。"金釭"后来多称为"列钱⊖"，从"列钱"的解释来看，不难理解其作为纯粹装饰物的意味就更加突出了⊖。

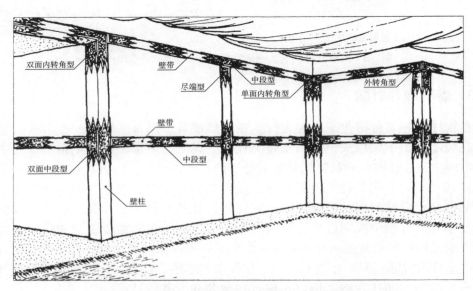

图2-10　金釭可能安装位置示意图（杨鸿勋复原）

2.1.4　秦汉时期

秦汉时期中国古代建筑趋于成型，形成了多样的建筑类型，并体现出雄浑、豪放、朴拙的风格。这一时期木构架建筑已进入体系的成熟期，并已初步具备中国传统建筑的特征，奠定了中国建筑的理性主义基础。汉代的画像石和画像砖取得了颇高的艺术成就，常应用在陵墓建筑中，成为其建筑装饰和室内装修的一个重要组成部分。从汉代画像中我们还可以看到当时人们的日常生活风貌和各种类型的家具形态。秦汉时期的家具是我国低矮家具的代表。这一时期家具种类非常齐全，不但继承了春秋战国以来的家具样式，而且还创造出许多新的家具品种，并逐渐形成了以床

⊖ 列钱：宫殿墙上的装饰物。金环里面镶着玉石，排列在一条横木上，像一贯钱似的。《后汉书·四十上·班固传·两都赋》："金釭衔璧，是为列钱。"注："谓以黄金为釭，其中衔璧，纳之于壁带为行列，历历如钱也。"（引自广东、广西、湖南、河南辞源修订组，商务印书馆编辑部. 辞源（修订本）[M]. 北京：商务印书馆，1979：345.）
⊖ 杨鸿勋. 杨鸿勋建筑考古学论文集：增订版[M]. 北京：清华大学出版社，2008：164–170.

榻为中心的起居方式。汉代也是我国古代灯具的鼎盛期，以铜制虹管灯表现得最为突出。

1.界面装修——藻井

秦汉时期出现了比较正规的藻井彩画。《西京赋》有"蒂倒茄于藻井"的说法，注曰"藻井当栋中，交木如井，画以藻文，饰以莲茎，缀其根井中，其华下垂，故云倒也"。可见当时藻井多绘画荷莲等水生植物。这类藻井的形象见于四川乐山崖墓内雕刻和沂南古画像石墓中，并且可知当时室内的藻井

a）覆斗形天花（四川乐山崖墓）

b）斗四天花（沂南古画像石墓）

图2-11　藻井

至少已经有"覆斗形"和"斗四"两种形式了。藻井多用于室内顶界面的重点部位，以突出空间的构图中心。秦汉时期的藻井虽然没有后代的藻井复杂，但作为一种高等级的室内装修形式，也只能用于宫殿建筑或祭祀建筑中⊖（图2-11）。

2.界面装修——铺地砖和椒房

地面除了传统做法外，多用铺地砖。铺地砖以方形居多，上有各种雕刻纹样及图案（图2-12）。用红色漆地的做法在秦汉时期的宫殿建筑、礼制建筑及祭祀建筑的遗址中多有出现。

a）几何纹方砖（陕西西安临潼区秦始皇陵园出土，秦代）

b）"海内皆臣"十六字方砖（边长30.5cm，厚2.25cm，汉代）

c）长生未央砖（汉代）

d）花纹空心砖（陕西西安汉阳陵邑遗址出土）

图2-12　秦汉时期的铺地砖和空心砖

秦汉宫殿的墙壁大都是夯土和土坯混用的，中间有壁柱。其做法是在表面先用掺有禾茎的粗泥打底，再用掺有米糠的细泥抹面，最后以白灰涂刷。这种做法已经分出底

⊖　霍维国，霍光. 中国室内设计史[M]. 2版. 北京：中国建筑工业出版社，2007：44，45.

层、间层和面层，是不小的进步。墙面也有以椒涂壁的，如陕西西安汉长安城未央宫椒房殿即是这种做法。"椒房"就是用花椒水合泥涂抹墙壁、地面等处。花椒是温馨香料，可以驱虫及恶气，有益卫生，同时还取其"花椒多子"的吉祥含义，因此多用于后宫。还有一种彩涂墙壁的做法。如河南雒阳东汉灵台遗址，其东、南、西、北四堂分别象征青龙、朱雀、白虎、玄武四方神灵；又象征五行中的木、火、金、水（以中央台顶象征土）以及春、夏、秋、冬四季；分别以五色中的青、赤、白、黑（中央台顶为黄）来涂抹内壁。

秦汉时期壁画大量出现，或画于某面墙，或画于四面墙，或画在藻井上，都与界面紧密相结合，已成为室内装修的一部分。汉代的画像石和画像砖大量涌现，由于它们比壁画更耐久，因此常用来装饰陵墓，也更有永生的意义。

室内隔离的屏风、帷幕在汉代也比较多见。屏风在汉代时已经相当流行，其功能不仅限于挡风和屏蔽，在室内中已经成为一种改变室内陈设布局的轻便隔断用具。屏风在室内具体应用的场景在汉画像中都有表现，而且常常为画面表现的主体[⊖]。

2.1.5　三国魏晋南北朝时期

伴随着佛教入主中原并迅速传播，以佛寺、佛塔和石窟寺为代表的佛教建筑的大量建造，是这一时期建筑的显著特点。北魏洛阳永宁寺塔为中国最早的佛寺建筑，是中国佛教建筑融合外来文化的典型范例。河南登封县嵩岳寺塔是中国现存年代最早的砖砌密檐式塔，代表了中国地上砖构建筑的辉煌成就。石窟中的壁画和造像为研究当时中国建筑、室内、家具的面貌提供了大量的资料。伴随着佛教的盛行，佛国的大量高型坐具，如扶手椅、绳床、胡床、坐墩等，逐渐进入中原并为人们所接受。中国家具从适应席地而坐的低矮家具开始向适应垂足而坐的高型家具转变。家具增高的变化，也引发了中国建筑室内空间和室内景观的嬗变。

1.界面装修——平棊

北朝石窟中所见的室内天花形式，主要为斗四、平棊或两者混用，也有不加顶棚、直接在椽板上施以彩绘的做法。斗四天花又称叠涩天井。在敦煌莫高窟北朝洞窟和北魏云冈石窟中，则大多表现为木构平棊方格中又做斗四（或斗八）的样式，中心往往雕饰（或绘饰）圆莲，四周饰飞天、火焰纹等，是不具结构功能的装饰性做法（图2-13）。但其位置往往不在窟内中心，而是围绕中心方柱或位于前廊顶部。平棊是中国古代建筑中最基本、最常用的

图2-13　斗四天花（云冈石窟第9窟）

内顶做法。山西大同北魏云冈石窟第7窟主室窟顶作六格平棊天花，平棊之间以宽大的格条相隔，平棊中心及格条相交处都雕饰莲花。此平棊是云冈石窟，也是中国石窟中最

⊖　杨鸿勋. 杨鸿勋建筑考古学论文集：增订版[M]. 北京：清华大学出版社，2008：239，321.

早出现的木构天花形象[○]（图2-14）。

图2-14　平棊（云冈石窟第7窟）

2. 界面装修——柏殿和柏寝

魏晋南北朝时期，一般的房屋室内墙面的做法为白色涂壁，即文献所记的"朱柱素壁"、"白壁丹楹"。在佛寺中还出现红色涂壁和彩绘壁画的做法。如洛阳永宁寺塔，内壁彩绘，外壁涂饰红色。文献记载南朝建康同泰寺"红壁玄梁"，郢州晋安寺"螭桷丹墙"，墙面也都是红色涂壁的做法。

除了涂壁之外，壁画也是一种常用的墙面装饰手法。壁画常用于宫室中，其题材以沿袭汉代的云气、仙灵和圣贤为主，佛寺画壁亦然。南朝墓室侧壁往往装饰"竹林七贤"等题材的画像砖，或使用大量的莲花纹砖。

南朝以来宫室府第盛行用柏木建寝室。《南齐书》载南齐武帝建风华、耀灵、寿昌三殿为寝宫，其中风华殿又称"柏殿"、"柏寝"，史称其"香柏文楶，花梁绣柱，雕金镂宝，颇用房帷"。在北魏南迁洛阳后，这种以柏木建寝室的做法也传到北魏洛阳。这种用木板壁建屋的做法应是皇宫中特殊的营造现象[○]。

2.1.6　隋唐五代时期

中国建筑在这一时期逐渐走向成熟。唐长安城大明宫含元殿、麟德殿建筑群尺度巨大，气势恢宏，充分展示出唐代建筑技艺之精湛。山西五台佛光寺大殿构架是我国现存年代最早、尺度最大、形制最典型的殿堂型构架。始建于五代的福建福州华林寺大殿堪称"江南第一大殿"。这些均显示出隋唐五代时期木构建筑进入成熟阶段。唐代的住宅，大到门、厅的间架数量、屋顶形式，小到重拱、藻井、悬鱼、瓦兽等细部装饰，都有着详细的规定，反映出唐代住宅严格的等级制度。隋唐五代时期，席地而居的生活方式逐步过渡为垂足起居的生活方式。以桌、椅、凳为代表的新型家具更为普及，渐渐取代了床榻的中心地位。家具结构也从箱形壶门结构向梁柱式框架结构演化，其家具造型奠定了我国后世家具的基本形态，这些也导致了家具布局和室内格局发生了新的变化。

佛光寺位于山西省五台县豆村的佛光山中，寺址坐东朝西，中轴线东西纵贯。自山门向东，随山势筑成平台3层，依次升高。佛光寺大殿坐落在第3层台上（图2-15a）。

○　傅熹年. 中国古代建筑史 第二卷：两晋、南北朝、隋唐、五代建筑[M]. 北京：中国建筑工业出版社，2001：206，254-255.
○　傅熹年. 中国古代建筑史 第二卷：两晋、南北朝、隋唐、五代建筑[M]. 北京：中国建筑工业出版社，2001：249-252.

佛光寺大殿建于唐大中十一年（857年），面阔7间，进深4间，通面阔34m，通进深17.66m。大殿正面明间、次间、梢间装板门，两端尽间和山面后梢间装板直棂窗，其余部分用墙包砌，上覆单檐庑殿板瓦屋顶（图2-15b~e）。

佛光寺大殿为殿堂型构架，其特点是由上、中、下三层叠加而成。下层是柱网，檐柱和内柱柱顶标高相同，用阑额连成内、外两圈矩形框子，作为屋身骨架。中层是在柱上重叠4、5层柱头枋，围成和阑额上下相重的两圈井幹式结构的框子，称为槽；再在两圈框子间相应的柱上，用斗拱和加工成略微拱起的月梁同逐层柱头枋垂直相交，穿插交织，将槽连成方格网状的整体，称为铺作层；这一措施在整个构架中起保持整体性并将重量均匀地传递于各柱的作用，类似现代建筑中的圈梁。上层是屋顶骨架，每间用一道坡度为1:2的两坡抬梁式构架，架在铺作层上，构成屋顶骨架（图2-15f）。

殿身平面柱网由内外两圈柱子组成，属宋《营造法式》的"金箱斗底槽"平面形式。内槽柱围成面阔5间，进深2间的内槽空间，两圈柱子之间形成一周外槽空间。由于柱头铺作后尾向室内只挑出一层，使内槽的顶棚比外槽顶棚高出很多；同时内槽又施以繁密的平闇[⊖]，而外槽则采取露明的做法；这样内槽便成为殿内高敞的中心大厅，外槽则成为环绕内槽周围的较低的通廊。就功能来说，内槽后半部设大佛坛以供奉佛像，外槽供信徒瞻拜行香之用，内外槽在体量和高度上的明显差异恰好起到突出佛像的效果。这种以柱网平面和铺作形式的变化作为内部空间构成的主要手段，体现了结构与艺术的完美统一（图2-15d~h）。

a）山西五台佛光寺大殿全景　　b）山西五台佛光寺大殿外观　　c）山西五台佛光寺大殿次间、梢间及尽间近景

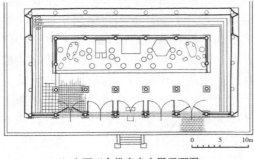

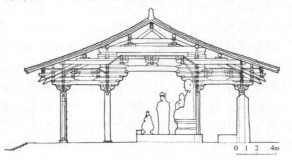

d）山西五台佛光寺大殿平面图　　　　　　e）山西五台佛光寺大殿剖面图

图2-15　山西五台佛光寺

⊖　平闇：宋式建筑小木作装修名称，室内吊顶的一种。《营造法式》："于明栿背上架算程方，以方椽施板，谓之平闇"。算程方一般相互正交绞井口，从而形成横纵方木组成的格眼。平闇与平棊的不同主要在于方椽格眼较小，且椽上背版用不事雕饰的素板。现存最早的实物见于唐建五台山佛光寺东大殿内。（王效青. 中国古建筑术语辞典[M]. 太原：山西人民出版社，1996：90. ）

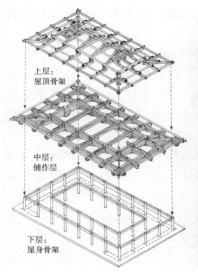

f）山西五台佛光寺大殿构架分解图　　　　g）山西五台佛光寺大殿内景　　　　h）山西五台佛光寺大殿外
　　　　　　　　　　　　　　　　　　　　　　　　　　　　　　　　　　　　　　　槽顶棚与内槽顶棚近景

图2-15　山西五台佛光寺（续）

　　佛光寺大殿共用7种斗拱（唐、宋时称铺作）。外檐铺作有3种，用在柱头上的向外挑出两层拱、两层昂，共挑出2.02m。室内的称为身槽内铺作，有4种，用在柱头上的挑出4层拱，共1.88m。大殿木构架所用"材"高30cm，"分"长2cm。大殿的面阔、进深、柱高均为"材分"的整齐倍数，表明以材分为模数的设计方法至迟在唐代已成熟运用。大殿木构部分现刷成土朱色，隐约可见旧有彩画的痕迹，阑额、柱头枋上有白色圆点，斗拱正面紫色，侧棱交替用紫色和白色画凹形"燕尾"⊖。

2.1.7　宋辽金元时期

　　北宋时期官修的建筑典籍《营造法式》是中国现存时代最早、内容最丰富的建筑学著作，其颁布标志着宋代建筑体系的成熟化、制度化和精致化。《营造法式》诸作制度中以小木作制度占全书的比例最多，反映出宋代建筑内檐装修的成熟和细腻，小木作制度的成熟对宋代家具制作及工艺的大发展也带来较大的影响。两宋时期基本完成了由席地而坐向垂足而坐的过渡，并最终形成了以桌椅为中心的生活习俗，宋代家具的类型和形式也趋于完善和多样。辽代建筑延续唐代建筑浑厚雄健的风貌，天津蓟县独乐寺观音阁反映出辽代早期官式建筑的风貌，现存山西应县佛宫寺释迦塔则是中国现存唯一的全木构木塔，也是世界上现存最高的古代木构建筑。金代建筑受北宋影响并趋于繁丽，山西大同善化寺是现存金代佛寺中规模最大的一处，寺内大雄宝殿天花藻井装修的精细程度堪称辽代小木作之冠。元代建筑则在沿袭宋、金的传统上又有创

⊖　中国大百科全书出版社编辑部. 中国大百科全书：建筑·园林·城市规划（图文数据光盘）[DB/CD]. 北京：中国大百科全书出版社，2000，佛光寺条目，傅熹年撰稿。

傅熹年. 中国古代建筑史 第二卷：两晋、南北朝、隋唐、五代建筑[M]. 北京：中国建筑工业出版社，2001：495–499.

侯幼彬，李婉贞. 中国古代建筑历史图说[M]. 北京：中国建筑工业出版社，2002：58–59.

新，山西洪洞广胜下寺大殿内采用减柱、移柱法以及大内额，其大木构架做法大胆而又灵活。

善化寺在山西省大同市内，沿中轴线自南而北为山门、三圣殿、大雄宝殿。山门面阔5间，进深2间4架椽；通面阔28.14m，通进深10.04m。屋身坐落在高1m左右的台基上，台基前中部出月台。屋身前后檐当心间装版门，前檐左右次间设直棂窗，其余均作实墙。上覆单檐四阿顶。梁架为分心斗底槽殿堂型构架。殿内彻上明造，乳栿、劄牵均作月梁状（图2-16a，b）。

三圣殿约建于金天会、皇统年间。面阔5间，进深4间8架椽；通面阔32.68m，通进深20.50m。殿身坐落在带月台的台基上。前后檐当心间装版门，前檐左右次间设直棂窗。次间开间长达7.34m，其间通长设直棂窗，有49棂之多，棂上下有桯，中间有横串将棂固定，左右有立颊作边框，这样大的窗在其他建筑中是少见的。殿身其余均作实墙。上覆单檐四阿顶，举折陡峻，屋面凹曲偏大。屋顶在立面上所占比例超过立面总高的1/2，显得格外宏大。外檐次间补间铺作每跳都有斜出45°的斜拱，其装饰意义大于结构意义，是斗拱丧失结构作用开始蜕化的征兆（图2-16c，d）。

三圣殿的明间梁架为八架椽屋乳栿对六椽栿用三柱，次间梁架为八架椽屋五椽栿对三椽栿用三柱，是典型的厅堂型构架。其内柱出现减柱移柱现象，后内柱4根，明间两内柱包在佛坛后面的扇面墙内，次间两内柱位于佛坛两侧不显眼位置，取得殿内空阔的感觉。此外还有后世添加的4根辅柱，柱径很细。佛坛上供释迦、文殊、普贤"华严三圣"坐像（图2-16e）。

大雄宝殿为善化寺的主殿，始建于辽代，经金代大修，仍保持辽构。大殿建在3m高的矩形砖砌台基上，台前有宽阔的月台。殿身面阔7间，进深5间10架椽；通面阔约41m，通进深约25m。殿身正面明间和左右梢间设门，每樘门由门额分隔成上下两部分，上部为四直方格眼窗，下部为双扇版门，门两侧有余塞版，双腰串造。其余用厚墙封闭，墙体下部用砖砌筑，上部用土坯砖砌筑并外涂一道抹灰层饰面。土坯砖与砖之间作"墙下隔减（碱）"一道，隔减用木板铺成，土坯砖中还夹有水平铺砌上下共9层的木骨。大殿外檐补间铺作采用45°和60°两种斜拱，殿身上覆单檐四阿顶（图2-16f，g）。

大殿采取殿堂与厅堂混合式构架，称为厅堂二型构架。其内部采用减柱法，前檐第一列内柱和后檐第二列内柱各减去4根。殿内形成前后两跨各深2间、宽5间的两个敞厅和从左、右、后三面围绕它的深1间的回廊。前一跨敞厅较矮，供礼佛和做法事之用；后一跨较高，内砌5间通长的矩形佛坛，坛上并列五尊坐佛，各居1间之中。上部梁架为彻上明造，唯当心间前部施平棊，后部装斗八藻井，以突出主佛的崇高地位。两尽间沿山墙砌凹形台座，上立护法诸天24身。大殿的构架做法及其所形成的殿内空间同佛像布置和宗教活动方式密切结合（图2-16h~k）。

藻井前有方格形平棊，后有菱形平棊。藻井周围有七铺作小斗拱及绘有小佛像的斜板环绕。藻井本身分为上下两层，下层为八角井，嵌于方井之中，四角出角蝉，八角井呈八棱台形，内施七铺作双杪双下昂重拱计心造斗拱。第三跳施翼形拱，第四跳施令拱，昂咀、要头皆取批竹昂式。藻井上层做成截顶圆锥体，施八铺作重拱计心卷头造斗拱。上下两层斗拱朵数不同，下部的八棱台共用斗拱24朵，上部的圆锥体共用斗拱32

朵，两者用材尺寸不同。其精细程度当属现存辽代小木作装修之冠[⊖]（图2-161）。

a）善化寺山门外观

b）善化寺山门内景

c）善化寺三圣殿外观

d）善化寺三圣殿补间铺作斜拱

e）善化寺三圣殿内景

f）善化寺大雄宝殿外观

g）善化寺大雄宝殿外观近景

h）善化寺大雄宝殿内景

i）善化寺大雄宝殿当心间前部
平棊近景

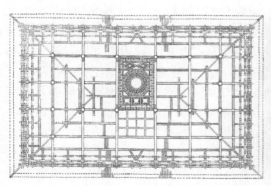

j）善化寺大雄宝殿梁架仰视平面图

k）善化寺大雄宝殿当心间
前部平棊

l）善化寺大雄宝殿当心间
后部藻井

图2-16　山西大同善化寺

⊖　中国大百科全书出版社编辑部. 中国大百科全书：建筑·园林·城市规划（图文数据光盘）[DB/CD]. 北京：
中国大百科全书出版社，2000，善化寺条目，屠舜耕撰稿。
侯幼彬，李婉贞. 中国古代建筑历史图说[M]. 北京：中国建筑工业出版社，2002：90-91。
郭黛姮. 中国古代建筑史 第三卷：辽、宋、金、西夏建筑[M]. 北京：中国建筑工业出版社，2003：331-354。

2.1.8　明清时期

明清北京城是我国古代城市规划与建筑艺术的最后结晶，梁思成誉其为"都市计划的无比杰作"。紫禁城建筑群是中国古代宫殿建筑艺术的集大成者，代表了皇家建筑的最高成就。明清时期儒家伦理道德规范得以"践覆"，因此，各类宗祠、书院、会馆、戏院、旅店、餐馆等世俗建筑类型增多。随着经济的发展，坛庙成为一大宗观。明清时期还出现了建筑、园林、家具及陈设等各个门类的著作，如明末由造园家计成所著的造园著作《园冶》，明中叶由午荣汇编的木工用书《鲁班经》，以及文震亨的《长物志》、李渔的《闲情偶寄》等。1734年刊行的《工程做法》，是清代官修的一部建筑法典，它是继宋代《营造法式》后官方颁布的又一部较为系统全面的建筑工程专书，梁思成先生称其为"中国建筑之两部'文法课本'"。该书的颁布从一个侧面也反映出清代官式建筑的高度定型化与成熟化。清代宫廷中还设有主持设计和编制预算的"样房"和"算房"，形成严密的设计制度。明清时期也是中国古典家具发展的高峰期，明式家具享誉海内外，被世人誉为"东方艺术的一颗明珠"，对欧洲的家具设计也产生一定的影响。

1. 北京故宫太和殿

北京故宫太和殿始建于明永乐十八年（1420年），后经重建、重修。太和殿俗称"金銮殿"，是举行盛大典礼，如皇帝登极、大婚、册封、命将、出征以及每年万寿节、元旦、冬至三大节时，在这里行礼庆贺。

太和殿是紫禁城内规模最大、等级最高的建筑物。明代太和殿面阔9间，进深5间，四周有一圈深半间的回廊。宫殿的长宽比例精心设计成9∶5，代表着帝王的"九五之尊"，拥有至高无上的权利和地位。清代重建太和殿时梁九将山墙推到山面下的檐柱，使太和殿外观呈11间状。重建后的太和殿面阔11间，进深5间；通面阔63.93m，通进深37.17m，建筑面积2377m²；高26.92m，连同台基通高35.05m。太和殿与中和殿、保和殿共同坐落在一个3层高的"工"字形汉白玉大台基上。太和殿前设月台，称为丹陛。丹陛上陈列日晷、嘉量各1个，铜龟、铜鹤各1对，以及18座铜鼎，以示皇权。太和殿的屋顶为等级最高的重檐庑殿顶，上覆黄色琉璃瓦。屋脊两端安有高3.4m、重约4300kg的大吻。上下檐角均安放10个走兽，为现存古建筑中孤例。

太和殿殿内为金砖铺地，地面共铺二尺见方的金砖4718块。殿内有立柱72根，仅明间设宝座。宝座设于七层台阶之上，通体髹金。宝座后列七扇屏风。宝座两侧有6根直径1m的沥粉贴金云龙图案的巨柱，所贴金箔采用深浅两种颜色，使图案突出鲜明。宝座周围有象征国家安定、政治巩固的"宝象"；象征皇帝贤明、群臣毕至的"甪（音录）端"；象征延年益寿的"仙鹤"；以及象征江山稳固的"香亭"这四对陈设。宝座上方的藻井正中雕有蟠卧的金龙，龙头下探，口衔宝珠，称为轩辕镜，其下正对宝座，以示皇帝为轩辕氏皇帝的正统继承者。藻井全部贴金，在青绿色的井字天花中显得雍容华贵。殿内外的梁枋上均饰以等级最高的金龙和玺彩画。门窗上部嵌成菱花格纹，下部浮雕云龙图案，接榫处安有镌刻龙纹的鎏金铜叶○（图2-17）。

○　侯幼彬，李婉贞. 中国古代建筑历史图说[M]. 北京：中国建筑工业出版社，2002：132.
中国大百科全书出版社编辑部. 中国大百科全书：建筑·园林·城市规划（图文数据光盘）[DB/CD]. 北京：中国大百科全书出版社，2000，紫禁城宫殿条目，于倬云撰稿.
中国大百科全书出版社编辑部. 中国大百科全书：美术（图文数据光盘）[DB/CD]. 北京：中国大百科全书出版社，2000，北京宫殿条目，萧默撰稿.

a）太和殿外观

b）太和殿梁枋上的金龙和玺彩画

c）太和殿檐角走兽

d）太和殿殿内藻井

e）太和殿内景

图2-17　北京故宫太和殿

2. 北京故宫养心殿三希堂

北京故宫养心殿三希堂是由养心殿明间西侧的西暖阁内分隔出来的小房间，是乾隆皇帝的书房。三希堂原名养心殿温室，因藏有乾隆年间所得之王羲之《快雪时晴帖》、王献之《中秋帖》及王珣《伯远帖》，而更名为"三希堂"。尽管三希堂室内面积仅有8m²，然而室内装修却趣味盎然。楠木雕花隔扇将室内分隔为两间小室，隔扇横眉上装裱有乾隆帝御笔的《三希堂记》。里面的小室设置

a）养心殿三希堂内景

b）养心殿三希堂内景

c）养心殿三希堂内景

图2-18　北京故宫养心殿三希堂

一铺可坐可卧的高低炕。高炕上设置乾隆御座，同时利用炕边的窗台摆设乾隆御用的文房用具。御座后的墙壁上挂有乾隆帝书写的"三希堂"匾额和"怀抱观古今，深心托豪素"对联。低炕墙壁上镶入各色瓷花瓶，成半瓶壁饰，连同其下的楠木《三希堂法帖》木匣，被对面墙壁上的落地玻璃镜尽收其中，同时也显得室内更加开阔。三希堂内还陈设有大量精致的工艺品，极富雅意（图2-18）。

3. 北京故宫乐寿堂

北京故宫乐寿堂面阔7间，进深3间，带周围廊；通面阔36.15m，通进深23.20m，建筑面积839m²。乐寿堂明间前后檐为五抹步步锦隔扇4扇，余各间均为槛窗。屋顶为单檐歇山顶，上覆黄色琉璃瓦。柱网结构为减柱造。室内以装修分为南北两厅，东西又隔出暖阁，平面布局自由灵活。室内装修多用楠木包以紫檀、花梨等贵重木材，并以玉石、珐琅等饰件装饰。乐寿堂仙楼为乾隆时期室内装修的代表作之一，天花为楠木井口天花，顶棚雕刻卷叶草，与整个室内装修相衬托，雍容华贵[一]（图2-19）。

a）乐寿堂内景　　　　　　　　　　　　　　b）乐寿堂天花细部

图2-19　北京故宫乐寿堂

2.2　中国近现代室内设计发展概述

近代中国建筑形式和建筑思潮所关联的时空关系是错综复杂的。这一时期，旧建筑体系继续延续，新建筑体系不断被输入和引进，既有形形色色的西方风格的洋式建筑，又有为新建筑探索"中国固有形式"的"传统复兴"；既有西方近代折衷主义建筑的广泛分布，也有西方"新建筑运动"和"现代主义建筑"的初步展露；既有世界建筑潮流制约下的外籍建筑师的思潮影响，也有在中西文化碰撞中的中国建筑师的设计探索。我们大致上可以把这一时期的建筑、室内风格分为西洋式、传统复兴式和西方现代式。

2.2.1　西洋式

在近代时期的中国，洋式建筑以两种途径出现：一种是被动输入，另一种是主动引进。被动输入的洋式建筑主要在被动开放的特定地段出现，展现在外国使领馆、工部局、洋行、银行、饭店、商店、火车站、俱乐部以及各教派的教堂和教会其他建筑上。这些建筑具有新功能、新技术和新类型的特点，同时也带来了洋式建筑风貌。主动引进的洋式建筑，指的是由中国本土的业主和建筑师设计、兴建的"洋房"，早期主要出现在洋务运动、清末"新政"和军阀政权所建造的建筑上，如福州马尾船厂绘事院、北京

　　㊀　茹竞华，彭华亮. 中国古建筑大系·宫殿建筑[M]. 北京：中国建筑工业出版社，2004.

大陆银行等。进入20世纪20年代后，第一代、第二代中国建筑师相继投身到设计活动当中，他们的设计工程涉及中国业主的居住、金融、商业、企业、工业、娱乐、文化及教育等整套新类型建筑，在这些建筑设计中，大部分也采用该类型建筑的西方通用形式[⊖]。本节所指的西洋式包含殖民风格和折衷主义风格两部分。

1. 殖民风格

据日本学者藤森照信研究，外廊样式建筑进入中国，最初是在广州十三行街登陆的，后来在香港、上海及天津等商贸都市都曾广泛采用。中国人在本土接触洋式建筑，这种外廊样式建筑的外观形象在外来建筑文化的交流和冲击下自然成了当时中国市民和工匠心目中洋式建筑的早期模式和摹本。这种"殖民风格"的建筑形式以带有外廊为主要特征，它是西方殖民者将欧洲建筑传入印度及东南亚一带，为适应热带气候而形成的一种流行样式。通常为1、2层楼，带二三面外廊或周围外廊的砖木混合结构房屋，在本书中我们把它定义为"殖民风格"。如1870年建造的英国领事馆福州分馆（图2-20）、天津早期的法国领事馆、台湾高雄的英国领事馆以及北京东交民巷使馆区的英国使馆武官楼等，都属于这一类。

a）英国领事馆福州分馆建筑外观　　　b）英国领事馆福州分馆外廊　　　c）英国领事馆福州分馆客厅

图2-20　英国领事馆福州分馆

2. 折衷主义风格

紧随"殖民风格"之后，各种欧洲古典主义建筑也在北京及上海等地陆续涌现，这与当时西方盛行折衷主义建筑的背景有关。19世纪下半叶，欧美各国正处在折衷主义盛期，一直延续到20世纪的前20年。

西方折衷主义有两种形态：一种是不同的历史风格体现在同时期不同类型的建筑中，不同的建筑类型对应不同的设计风格，如采用哥特式来建教堂，以古典式建银行及行政机构，以文艺复兴式建俱乐部等，形成建筑群体的折衷主义风貌；另一种是将希腊古典、罗马古典、文艺复兴古典、巴洛克及法国古典主义等各种风格式样和艺术构件混用在同一幢建筑中，形成单幢建筑的折衷主义面貌。这两种折衷主义形态在近代中国都有反映，我们从北京、上海及杭州等地的洋式建筑中可以清楚地看到这个现象。

1925年建成的"新汇丰大厦"位于上海福州路外滩，面积达32000m²。建筑为钢框架结构，外形模仿古典的砖石结构，内部处理采用古典主义的形式，如爱奥尼式的柱廊、藻井式顶棚等，显得富丽堂皇（图2-21a~c）。室内装修极为考究，大厅内的柱子、

⊖　潘谷西. 中国建筑史[M]. 5版. 北京：中国建筑工业出版社，2004：369.

护壁、地坪均用大理石贴面，不仅装有散热器，还安装了当时最先进的冷气设备。汇丰银行入口大厅是一个八角厅（图2-21d，e），八角厅后就是面积足有1500m²的营业大厅，厅的墙沿及暗角，都设计有散热器设备与冷排风系统。屋顶设计了巨大的玻璃顶棚，顶棚用小块厚玻璃镶拼，牢度足以顶住千磅的冲击。从顶棚透进来的日光，提供了日间工作的阳光。汇丰银行大楼八角厅穹顶下的八幅巨型壁画分别为汇丰银行在世界设有分行的八个主要城市：上海、香港、东京、加尔各答、曼谷、伦敦、巴黎和纽约。八角厅的设计含义，包含着"面向世界"的意思。

a）上海汇丰银行建筑外观

b）上海汇丰银行建筑近景

c）上海汇丰银行入口廊厅的地面拼花

d）上海汇丰银行入口八角厅的顶部
天花图案

e）上海汇丰银行八角厅内景

图2-21　上海汇丰银行

2.2.2　传统复兴式

在中外建筑文化碰撞的形势下，中国近代出现了各种形态的中西交汇建筑形式。可以概括为两种：一种是中国传统建筑的"洋化"，另一种是外来"洋建筑"的"本土化"。前者主要出现在沿海侨乡的住宅、祠堂和遍布各地的"洋式店面"等民间建筑中，大多数是由中国本土的民间匠师自发形成的，其特征是在中国传统建筑的基本格局中生硬地掺和洋式的门面、柱式和细部装饰。后者则是中国近代新建筑运用中国传统建筑样式的传统复兴潮流。这股潮流先由外国建筑师发端，后由中国建筑师引向高潮。

由建筑师吕彦直（1894~1929年）设计的南京中山陵，整体布局设计吸取了中国古代陵墓布局的特点，体现了传统中国式纪念建筑布局与设计的原则。在祭堂的设计中，西方式的建筑体量组合构思与中国式的重檐歇山顶的完美组合，真正地体现了中西建筑文化交融的建筑构思。在细部处理上，吕彦直将中国传统建筑的壁柱、额枋、雀替、斗拱等结构部件运用钢筋混凝土与石材相结合的手法来制作。祭堂的顶部为覆斗式天花并施以彩绘。就覆斗式的内部空间来看，其室内空间与平顶式相比就更加开敞宽阔，高起的天花不会产生大片平顶的压抑之感，而是给人以良好的空间印象。祭堂内部庄严肃穆，12根柱子铺砌了黑色的石材，四周墙面底部有近3m高的黑色石材护壁，东西两侧护壁的上方各有4扇窗牖，安装梅花空格的紫铜窗。整个建筑及室内空间参考了与现代历史相关联的著名中式和西式纪念物来进行设计。经过道进入墓室，环绕圆形墓圹、瞻仰圹内的石椁和安卧于石椁之上的孙中山卧像。整个建筑和室内空间不仅在功能上满足了仪式活动的需求，也符合了中国人对于孙中山作为一位历史伟人的想象（图2-22）。

a）南京中山陵建筑外观

b）南京中山陵祭堂顶部天花

c）南京中山陵墓室顶部天花

d）南京中山陵墓室的下沉墓圹

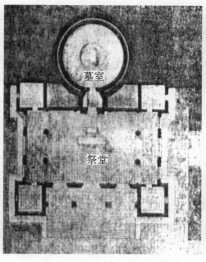
e）南京中山陵祭堂与墓室平面图
（吕彦直的南京中山陵设计竞赛应征方案）

f）南京中山陵祭堂正面

g）南京中山陵墓室的孙中山卧像

图2-22　南京中山陵

2.2.3　西方现代式

20世纪30年代，中国建筑师把摩登的"装饰艺术"和时兴的"国际式"笼统地称为"现代式"。许多建筑师热心地参与了"现代式"的新潮设计，其中装饰艺术样式占大多数，少数已是"准国际式"和地道的现代派建筑，在这里我们把西方现代式分为装饰艺术风格与现代主义风格两个部分。

"装饰艺术"风格之所以如此普及，原因之一是因为它本身的折衷立场为大批量生产提供了可能性。这个运动与现代主义设计运动几乎是同时发生，因而在各个方面都受到现代主义的明显影响。

1. 上海沙逊大厦

沙逊大厦1928年建于上海南京路外滩，由当时上海最著名的设计事务所——公和洋行设计。大厦以东面作为主立面，东立面部分屋顶用四方攒尖、斜坡很大的瓦楞紫铜皮屋顶（图2-23）。

沙逊大厦底层为华懋饭店的大堂，2~4层为办公室和写字间，5~8层为饭店的客房部。华懋饭店的客房设计颇有特色，5~7层客房按照不同国度的风格来进行设计：在5层设有德国式、印度式及西班牙式客房；6层设有法国式、意大利式及英国式客房；7层则设有中国式及英国式客房。8层设中国式餐厅，9层设小餐厅及夜总会（图2-23a~e）。

a）上海沙逊大厦大餐厅

b）上海沙逊大厦日式客房

c）上海沙逊大厦东侧楼梯扶手装饰

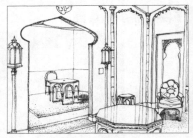

d）上海沙逊大厦印度式客房

e）上海沙逊大厦中国式客房

f）上海沙逊大厦外观

图2-23   上海沙逊大厦

2. 杭州之江大学同怀堂

同怀堂位于浙江大学之江学院校园中心草坪南端，建于1936年，又名钟楼，即经济学馆。由中国报业实业家史量才独资捐建，史量才独子史咏赓其时正在之江大学上学。该楼主体3层，中间4层为钟塔，红砖清水外墙，中部为大过厅。建筑面积662m²。建筑摒弃了繁琐的花饰，线条简洁，是典型的近代学校建筑。大厅及走廊的墙裙都刷深灰色涂料，墙裙以上及顶刷白，天花不做装饰，直露混凝土梁架结构。墙裙的腰线以水泥线条收边，走廊的入口门边也是以水泥装饰线收边，走廊入口的门边造型可以看出是建筑正立面的相似形（图2-24）。

a）杭州之江大学同怀堂建筑外观

b）杭州之江大学同怀堂一层门厅

c）杭州之江大学同怀堂走廊

d）杭州之江大学同怀堂楼梯细部

e）杭州之江大学同怀堂墙面细部

图2-24　杭州之江大学同怀堂

3. 上海铜仁路吴同文住宅

上海铜仁路吴同文住宅建于1937年，4层钢筋混凝土结构，建筑面积1732m^2，由匈牙利籍建筑师邬达克（L. E. Hudec，1893~1958年）设计。原系吴同文住宅，现为中恒豪国际贸易上海有限公司办公楼。主楼坐北朝南布置，底层为门房、花房、弹子房和大厅，中间有条过街楼道路；2层为衣帽间、餐厅、日光室、书房和佣人房；3层为主人起居室、餐厅、卧室、梳妆室和保姆房；4层为子女起居室、卧室和儿童游戏室。每层南向均设露天大平台，2层因主人接待客人或聚会需要，露台十分宽敞；4层因儿童户外活动需要，露台不仅宽敞，而且平面活泼。主楼西南隅设通达各层露台的弧形大楼梯。建筑造型由圆弧形和横线条组合，线条流畅，错落有致，在上海近代现代式建筑中是很超前的作品。室内设施豪华，底层大厅装有跳舞用的弹簧地板、玻璃顶棚，楼梯过道走廊采用大理石砌筑，煤卫冷暖装置齐全。在这个全盘西化的住宅里，还设有一个中式的佛堂，堂房采用彩绘天花，陈设神座贡桌，反映了主人不忘先祖的孝心$^\ominus$（图2-25）。

$\ominus$　娄承浩，薛顺生，张长根. 老上海名宅赏析[M]. 上海：同济大学出版社，2003：112.

a）上海铜仁路33号吴同文住宅建筑外观

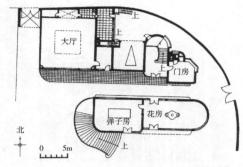

c）上海铜仁路33号吴同文住宅底层平面图

b）上海铜仁路33号吴同文住宅餐厅内景

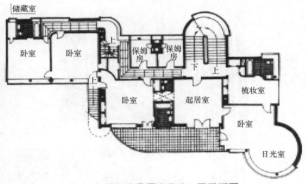

d）上海铜仁路吴同文住宅3层平面图

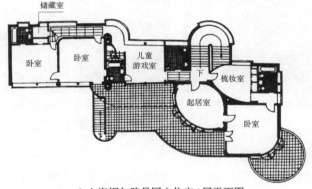

e）上海铜仁路吴同文住宅4层平面图

图2-25　上海铜仁路吴同文住宅

2.3　西方古代室内设计发展概述

2.3.1　原始社会时期

　　原始社会时期的人类或是住在天然洞穴里，或是巢居树上。随着人类发明了火并逐渐使用工具，才逐渐出现人工修筑的竖穴、蜂巢形石屋、圆形棚屋及帐篷等地面住所。关于人类原始的建筑，我们可以对建筑空间中基本的需要、实用、简洁、本质、完美等因素进行思考。此外，不同的自然条件，如地理、气候等因素，以及受其影响而产生并反映其地域性特征的建筑材料，对于建筑的结构、形式及布局也会产生重大的影响。

2.3.2 古代埃及时期

金字塔是埃及古王国时期的代表性建筑。中王国时期以陵墓建筑为主，陵墓内部空间的重要性大大加强。法老门图荷太普二世和哈特谢普苏特女王的陵墓，将传统的金字塔、祀庙与岩窟墓结合起来，并且出现了开放式柱廊、坡道式台阶、纵深序列式轴线以及对称式构图等建筑艺术处理手法。新王国时期的建筑以太阳神庙为主要代表，建筑艺术已经全部从外部形象转移到了内部空间。卡纳克遗址中的多柱式大厅是古埃及最大的室内空间。室内的石柱密如树林，柱身上满饰着有鲜艳彩饰的阴刻浮雕，创造了神庙空间神秘和压抑的氛围。古埃及贵族府邸的平面布局功能合理，并出现了厅堂、居室、厨房、浴室、厕所、谷仓、畜棚及内院等各种丰富的功能空间。古埃及陵墓中出土的家具多是法老或社会上层的陪葬品，它们做工考究、精美华丽。椅、凳、床、箱柜及台架等各种家具类型已经十分丰富。

卡纳克的神庙建筑约始建于中王国时期，经过前后持续有2000年之久的不断扩建，形成了一组规模宏大的神庙建筑群。其平面略呈梯形，西边长710m，东、南边长各为510m，北边长530m，周围有砖墙围绕，面积25ha以上（图2-26a）。

卡纳克的太阳神庙坐西朝东，建筑形体较为对称。平面宽约110m，进深约366m。神庙的主轴线为东西向。自西向东有6道塔门依次排列。

在第2、3道塔门之间是整个神庙建筑群的中心——多柱式大厅（Great Hypostyle Hall），为新王国第19王朝拉美西斯一世所建，后经塞提一世和拉美西斯二世装饰完善。大厅宽103m，进深52m，面积达5000m^2，是古代埃及最大的室内空间。厅内有16列共134根圆形大石柱。中央通路两旁的12根圆柱，高21m，直径3.57m，上面架设着9.21m长的大梁，重达65t。两侧的圆柱高12.8m，直径2.74m。所有柱子的柱身上都装饰有鲜艳彩饰的阴刻浮雕，柱头的式样有纸草花式、莲花式、棕榈叶式等（图2-26c）。柱子的细长比只有1:4.66，柱间净空小于柱径。由于中央的圆柱大大高出两侧的圆柱，在中部与两侧屋面高差的部位设置了石窗格，形成了高侧窗采光。石窗格也是室内的换气孔。光线通过石窗格仅能照到大厅的中央区域，且光线非常微弱，再加上大厅内粗大的石柱繁密如林，两侧则更显阴暗，使得厅内的气氛神秘而又压抑[一]（图2-26b~d）。

卡纳克遗址的西南角建有月亮神洪斯神庙（Temple of Khons），其平面布局是新王朝时期神庙建筑的代表。穿过塔门便进入前庭，前庭的两侧是双排圆柱的柱廊。前庭之后是通向连柱厅堂的院廊，此时的地面升高，屋顶降低。连柱厅堂的中央廊较高，侧面有窗，中央廊是由有盛开的花朵式柱头的纸草花式圆柱支承的。连柱厅堂之后是一个正方形平面的大殿，大殿中央是放神船的圣所。大殿的地面较院廊又进一步升高，屋顶也进一步降低。大殿之后是神堂[一]（图2-27）。

○ 陈志华. 外国建筑史（19世纪末叶以前）[M]. 3版. 北京：中国建筑工业出版社，2004：13-15.

陈平. 外国建筑史：从远古至19世纪[M]. 南京：东南大学出版社，2006：34-36.

中国大百科全书出版社编辑部. 中国大百科全书：考古学（图文数据光盘）[DB/CD]. 北京：中国大百科全书出版社，2000，卡纳克遗址条目，刘文鹏撰稿.

○ 王英健. 外国建筑史实例集. 1，西方古代部分[M]. 北京：中国电力出版社，2006：17，21-23.

S. 劳埃德，H. W. 米勒. 世界建筑史丛书——远古建筑[M]. 高云鹏译. 北京：中国建筑工业出版社，1999：130-133.

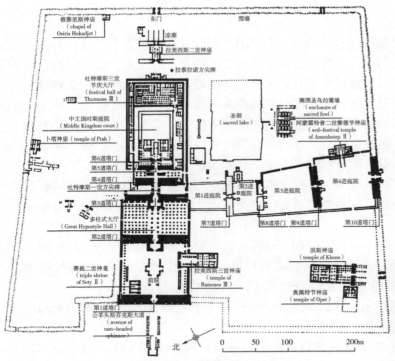

a）卡纳克遗址的神庙建筑群平面图

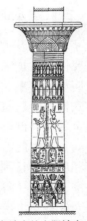

c）卡纳克的太阳神庙多柱式
大厅的大纸草柱立面图

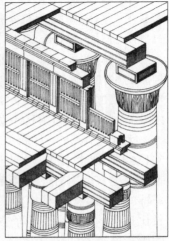

d）卡纳克的太阳神庙多柱式大厅
的石窗格

b）卡纳克的太阳神庙多柱式大厅剖面透视图

图2-26　卡纳克遗址的神庙建筑（一）

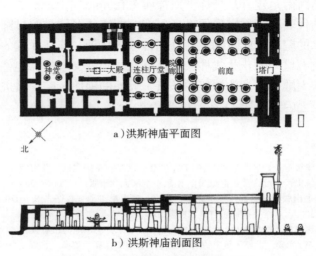

a）洪斯神庙平面图

b）洪斯神庙剖面图

图2-27　卡纳克遗址的神庙建筑（二）

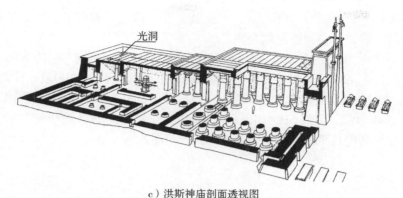

光洞

c）洪斯神庙剖面透视图

图2-27 卡纳克遗址的神庙建筑（二）（续）

2.3.3 古代两河流域及波斯时期

古代两河流域的人民创造了以土作为基本原料的结构体系和装饰方法，如夯土墙、土坯砖、烧制砖和陶钉。在苏美尔-阿卡德时代，美索不达米亚南部最早的神庙建筑见于埃利都遗址。乌鲁克的白庙便是两河流域地区塔庙的雏形。在乌尔的山岳台中，已经有了通过将建筑的朝向、层数、色彩与人们的信仰崇拜意识结合起来，以表达建筑的象征意义的建筑创作手法。在迪亚拉地区的泰勒阿斯玛的苏辛神庙和总督府建筑群中，我们又可以看到通过轴线来组织功能空间的建筑设计方法。亚述时期的建筑以规模宏大的豪尔萨巴德的萨尔贡二世王宫为代表，其宫殿装饰豪华，饰面技术广用石板贴面和彩色琉璃面砖相结合。亚述常用的装饰题材人首翼牛像则采用圆雕和浮雕相结合的雕刻手法。新巴比伦城的伊什达门、王宫及空中花园等建筑则将两河流域的建筑文明推向顶峰。

波斯波利斯宫当是古代波斯宫殿建筑中最宏伟豪华者。大流士一世的觐见大殿及百柱大殿集礼仪性与纪念性于一体，室内空间更为开敞通畅，大殿柱头亦很有特色。在另一些古代波斯建筑遗址中还可以看到对拱券及穹隆结构的探索。

波斯波利斯宫殿建筑群大体可以划分成三部分：北部是两座仪典大殿，东南是财库，西南是王宫和后宫，周围有花园和凉亭。三部分之间以一座"三门厅"作为联系的枢纽。整个宫殿建筑群布局规整，但无轴线关系（图2-28a）。

宫殿的总入口在城址的西北端，朝西的正面是一对庞大的石砌大台阶，台阶宽约4.2m，共有106级。台阶两侧墙面刻有浮雕群像，象征八方来朝的行列，适应大台阶的外形，逐级向上，与建筑形式协调统一。台阶两侧的浮雕还强调了作为通向宫殿的宽大台阶这个外部建筑要素的重要性（图2-28b）。

两座仪典大殿的平面都为正方形，石柱木梁枋结构，室内空间宽敞。西面的一座为大流士一世（Darius I）觐见大殿，76.2m见方。觐见大殿的四角建有塔楼，其内部可能有卫兵使用的房间和梯子。门开向南面，其余三面是柱廊。柱廊比大殿要矮一半，大殿在它之上开高侧窗。西面柱廊为检阅台，可以俯瞰朝贡的外国使节支搭的帐篷。殿内有36根石柱，柱高19.4m，柱径与柱高之比为1∶12，柱中心纵横间距相等，均为8.74m。觐见大殿的土坯墙体厚达5.6m，其外墙面贴黑、白两色大理石或琉璃面砖，上作彩色浮雕。有一些木柱子，外面抹一层石灰，再施红、蓝、白三色的图案。大殿的柱廊的柱子是深灰色大理石的，木枋和檐部贴金箔。

东面的一座称为"百柱大殿"（Sala delle cento colonne）或"宝座大殿"，地坪较朝觐大殿高出3m，68.6m见方，殿内墙面满饰壁画。殿内有石柱100根，柱高11.3m，柱距6.24m。石柱上的雕刻精致，柱础是高高的覆钟形的，并刻花瓣纹。覆钟之上为半圆线脚。柱身有40~48条凹槽。柱头由覆钟、仰钵、几对竖立的涡卷和一对相背而跪的雄牛像组成。柱头高度几乎占整个柱子高度的2/5[⊖]（图2-28c，d）。

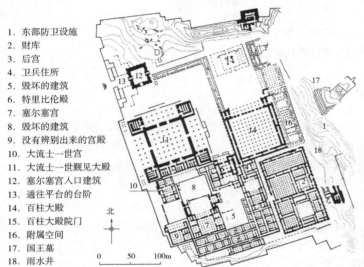

1. 东部防卫设施
2. 财库
3. 后宫
4. 卫兵住所
5. 毁坏的建筑
6. 特里比伦殿
7. 塞尔塞宫
8. 毁坏的建筑
9. 没有辨别出来的宫殿
10. 大流士一世宫
11. 大流士一世觐见大殿
12. 塞尔塞宫入口建筑
13. 通往平台的台阶
14. 百柱大殿
15. 百柱大殿院门
16. 附属空间
17. 国王墓
18. 雨水井

0　50　100m

a）波斯波利斯宫殿总平面图
（引自Frankfort，1954年）

b）总入口的石砌大台阶

c）百柱大殿复原图（引自Frankfort，1954年）

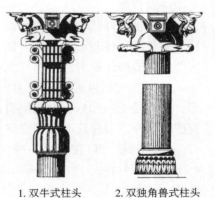

1. 双牛式柱头　2. 双独角兽式柱头

d）塔楼柱子上的柱头形式

图2-28　波斯波利斯宫殿

⊖　陈志华. 外国建筑史（19世纪末叶以前）[M]. 3版. 北京：中国建筑工业出版社，2004：25-27.
中国大百科全书出版社编辑部. 中国大百科全书：建筑·园林·城市规划（图文数据光盘）[DB/CD]. 北京：中国大百科全书出版社，2000，波斯建筑条目，张似赞撰稿.
中国大百科全书出版社编辑部. 中国大百科全书：考古学（图文数据光盘）[DB/CD]. 北京：中国大百科全书出版社，2000，波斯波利斯城址条目，毛昭晰，詹天祥撰稿.

2.3.4 爱琴文化及古希腊时期

爱琴文化时期的建筑、家具及室内装饰受到古埃及的影响，并由古希腊继承。最著名的是位于克里特岛上克诺索斯的米诺斯王宫及位于伯罗奔尼撒半岛上的迈锡尼卫城。米诺斯王宫是一组规模庞大而又复杂的建筑群，其特色在于内部结构的高低错落与奇特多变，在希腊神话中有"迷宫"之称。米诺斯王宫室内的功能空间已经较为多样，室内的壁画装饰也很有特色，具有极强的装饰性。王宫中"正厅"的布局被认为是后来古希腊庙宇最早的和基本的形式。迈锡尼卫城中最著名的建筑是"狮子门"和"阿特柔斯宝库"。

古希腊时期建筑艺术的最大成就主要体现在柱式、神庙建筑、建筑雕刻及建筑群体组合的高度艺术性及成熟化，建立了建筑设计的逻辑结构，并体现着强烈的理性精神和人文色彩。

古希腊时期逐渐形成了多立克柱式（Doric Ordo）、爱奥尼柱式（Ionic Ordo）以及科林斯柱式（Corinthian Ordo）这三种最为基本也是最主要的柱式（图2-29，表2-1），此外还有如人像柱、端墙柱、壁柱、半柱和方柱墩等相对少见的形式。柱式不仅说明该建筑柱子的样式，而且还以柱身底部半径为模数，定出柱高、柱距乃至建筑各个组成部分的比例关系，它直接反映了古希腊人对数的原则和人的美感的不断追求，体现了理性思维和人本主义的力量。

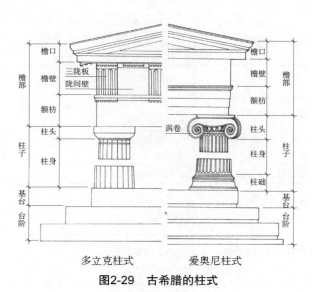

图2-29 古希腊的柱式

雅典卫城建筑群的特色在于巧妙地顺应并利用地形地势进行布置，并呈现出整体布局自由活泼且主次分明的外貌，在西方建筑史上堪称建筑群体组合艺术的一个典范。帕提农神庙的3组雕刻各有特色又互相协调，形成多样而又统一的建筑雕刻整体。帕提农神庙还运用了如水平线条起拱、柱子内斜、卷杀、收分等一系列校正视错觉的措施，使得神庙整体上有一种向上的动态感和稳定感，造型坚实而又雄伟。

希腊化时期还产生了广场、廊厅、露天剧场、竞技场、会堂、议事堂及浴室等多种类型的公共建筑物，并且有些建筑实例突出地反映了重视功能性和强调使用性的特点。如迈加洛波利斯的大会堂的设计考虑到了在会堂建筑中对听众室内视线的关注，其处理手法是将室内的其他柱子都以讲台为中心的放射线排列。又如在较为考究的住宅里出现了较为完善的厨卫设施，在设炉灶的房间和厨房里一般都配有烟道；浴室中的地面有进行防水处理，并有固定在墙上的陶盆及排污水的管道等。古希腊比较有特点的室内布局是廊厅及住宅中的餐室，其沿室内四周墙面设置卧榻的布置方式是与希腊人喜好靠在卧榻上用餐的生活方式相联系的。古希腊的家具受到古西亚与古埃及的影响，比较有特色的是卧榻和克利斯莫斯椅。

表2-1　古希腊三种柱式的比较

比较点	多立克柱式		爱奥尼柱式		科林斯柱式
柱式流行地区	意大利、西西里一带寡头制城邦里	多立克人	小亚细亚先进共和城邦里	爱奥尼族人	科林斯人
细长比	1：5.5~5.75	粗壮	1：9~10	修长	
开间	1.2~1.5个柱底径	窄	2个柱底径左右	宽	
檐部	约为柱高的1/3	重	柱高的1/4以下	轻	
檐壁	分隔（连续交替的三陇板和陇间壁）		不分隔		
柱头	简单而刚挺的倒立的圆锥台外廊上举）		精巧柔和的涡卷（外廊下垂）		莨苕叶饰，如满盛卷草的花篮
柱身凹槽	20个浅槽，横断面为平弧形凹槽相交成锋利的棱角		24个深槽，横断面为半椭圆或半圆形。凹槽相交的棱上有一小段圆面		
柱础	无		有		
收分和卷杀	明显		不显著		
线脚	极少，偶尔有也是方线脚		较多，使用多种复合的曲面线脚，有华丽的雕饰		
台基	三层台阶，中央高，四角低，微有隆起		台基侧面壁立，上下都有线脚，没有隆起		
装饰雕刻	高浮雕及圆雕，强调体积感		薄浮雕，强调线条		
象征	男性		女性		少女
总体风格特征	崇高		优雅		豪华
所适合的建筑	庄重雄伟的大型纪念性建筑		较小的建筑		优雅华丽的小建筑或作为室内装饰

注：此表据陈志华. 外国建筑史（19世纪末叶以前）[M]. 3版. 北京：中国建筑工业出版社，2004：43.

帕提农神庙（Parthenon，建于公元前447~前432年），是为供奉雅典守护女神雅典娜而建。建筑师为伊克蒂诺（Iktinus）和卡利克拉特（Callicrat），主要雕塑师为菲迪亚斯（Phidias，约公元前490~前430年）。

帕提农神庙在卫城的最高处，整个建筑全部都用高质量的白色大理石建造。神庙为多立克八柱围廊式（8×17柱），它不仅是雅典卫城中唯一的一座采用最隆重的围廊式形制的神庙，更是希腊本土最大的多立克式神庙（图2-30a）。

神庙立在一个三级台阶上（基台面30.9m×69.5m）。每步台阶宽约0.7m，高约

0.5m；东西两端入口中央均设置了中间踏步，以适合人的尺度登临。

　　神庙山墙及神庙四周的陇间壁上满是雕刻。山墙内的雕刻以适应建筑山墙的三角形外轮廓形状来构图，内布圆雕群像。正面东山墙表现的是雅典娜诞生的情景，西山墙刻画的是雅典娜和海神波塞冬争做雅典保护神的情节，雕刻表现的内容直接点出了帕提农神庙的主题（图2-30c~d）。围绕神庙四周共有92块带高浮雕的陇间壁（东西两面各14块，南北两面各32块），每块高约1.35m。其上的雕刻均为各自独立的方形构图。内容按四面方向分别表现4次神话传说中的战争（东面表现神和巨人的搏斗；西面表现希腊人和亚马逊人的战争；南面表现半人半马怪和拉庇泰人的斗争；北面表现围困特洛伊的远征），寓意为歌颂希腊对波斯的胜利。这些雕刻在当时都涂以红、蓝、金等鲜艳的色彩，十分辉煌华丽（图2-30b~d）。

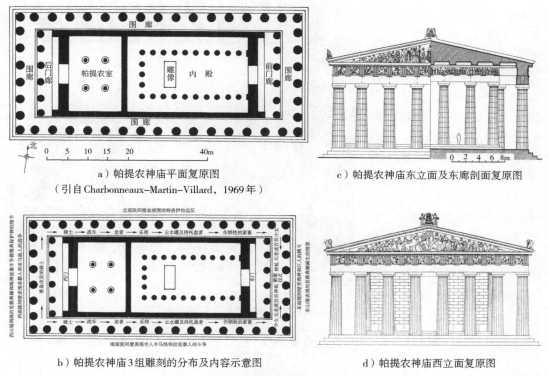

a）帕提农神庙平面复原图
（引自Charbonneaux–Martin–Villard，1969年）

c）帕提农神庙东立面及东廊剖面复原图

b）帕提农神庙3组雕刻的分布及内容示意图

d）帕提农神庙西立面复原图

图2-30　帕提农神庙（一）

　　帕提农神庙的外廊柱高约10.4m，柱底径约1.9m，其构造之精确优美堪称多立克柱式的最高典范。外廊柱之内为环绕整个神庙的围廊。围廊之内的中央主体部分由朝东的内殿、朝西的帕提农室及几乎完全一样的前门廊和后门廊组成（图2-30a）。

　　前、后门廊的檐部位置取消了多立克柱式的三陇板和陇间壁，而是布置了爱奥尼柱式那样连续的檐壁雕刻。这一圈檐壁雕刻总长约160m、高1米余。基本上是浅浮雕，共刻有350多人体和250余动物形象，表现的内容是四年一度的向雅典娜献新衣盛典的游行场面（游行的起点从西廊开始，分别沿北面和南面展开，最后到达东端入口上部结束），为菲迪亚斯等人所作（图2-30b、d）。前、后门廊上的这圈檐壁雕刻与神庙东西山墙上的两组雕刻及神庙四周的陇间壁上的雕刻，这3组雕刻各有特色又互相协调，形成多样而又统一的建筑雕刻整体。

内殿宽约19.2m，长约29.9m（合100古雅典尺），因而内殿又被称为"百尺殿"。殿内南北向的两排多立克式内柱廊（连同转角处柱墩在内每排10柱）与西向的3柱连在一起，其上均叠置更小的多立克柱承木构屋架，在内殿中间形成一个绕内殿三面的环廊。这里南北向的两排多立克式内柱廊的位置均向两边侧墙靠拢，在平面上形成中间廊道宽而两侧窄的格局，且在立面上内柱廊做成上下两层的多立克柱式而不是用通高的柱子（通高的柱子不仅柱径很粗而且尺度过大）。而前述的前、后门廊的进深也都缩至到了较小的范围，这些做法的目的都是为了在内殿中间形成一个更加宽敞开阔的室内空间，以保证能够容纳在内殿深处所供奉的雅典娜女神巨像。环廊内的地面稍稍低于四周。木构顶棚上有彩绘及金饰（图2-31a~c）。

a）帕提农神庙纵剖面复原图

关于内殿的采光，主要有"假楼取光法"和"天窗取光法"两种假设，但估计室内主要还是通过门洞采光（门高达9.75m）。内殿的光线幽暗而又静谧。这样的空间之内供奉着菲迪亚斯的又一名作——连基座高达12m的雅典娜巨像——她顶盔、持矛、握盾，右手掌上立有一个展翅的胜利女神像。雕像为木胎，面部、手和脚用象牙雕成，眼珠为精致的宝石，盔甲和衣饰用金箔（在危机时可拆卸运走）制作。雅典娜女神巨像前设置有栏杆，以防止人们直接走到雕像前。估计在栏杆后面还布置了帷幔。当帷幔升起时，巨大的雅典娜女神像突然间便占满了整个内殿的空间，其压倒一切的恢宏气势带给人们的是无穷的震撼力量。内殿中充满着祭献物、珍贵的瓶饰和圣迹装饰，立在神像周围和挂在墙上的战利品，固定在楣梁上

b）帕提农神庙内殿复原图
（19世纪的版画）

c）帕提农神庙内殿复原图

经过校正视错觉后的效果

未经过校正视错觉时的效果

校正视错觉的措施

d）帕提农神庙的校正视错觉措施的图示

图2-31　帕提农神庙（二）

的金盾，一直摆到前厅和廊道内的祭祀物等（图2-31b、c）。

帕提农室（意即"少女雅典娜之室"）作为存放国家财物和档案之用。其室内用4根爱奥尼式柱支承屋顶，这种在多立克式建筑里采用爱奥尼柱子的做法也是雅典卫城中首创的（图2-31a）。

帕提农神庙还运用了一系列校正视错觉的措施。为了防止神庙中央下陷的感觉，基座、檐口及檐壁这些长的水平线条均起拱，全部处理成稍稍向上隆起的弧线形式。基座台阶的棱线东西端中部高起约65mm，南北两侧的棱线中心处高起约123mm。外廊立柱的顶部均稍稍向内倾斜60~70mm，角柱的轴线向对角方向倾斜约60mm，这样不仅增强了整个神庙结构的稳定性，而且避免了立柱在视觉上的外倾感。各立柱的轴线若向上延长，则在台基上空2.4km处相交（图2-31d）。柱子的轮廓也有卷杀和收分的处理。此外还有对于神庙在光线影响因素下的考虑。将角柱布置得更靠近邻柱（尽端开间稍小），并将角柱的柱身适当加粗，以校正在天空背景下显得细小的错觉。水平线条起拱、柱子内斜、卷杀、收分等手法的综合运用，使得神庙整体上有一种向上的动态感和稳定感，令其造型坚实而又雄伟[⊖]。

2.3.5 古罗马时期

古罗马建筑在公元1~3世纪为极盛时期，达到西方古代建筑的高峰。古罗马建筑能够取得如此伟大的成就主要是凭借着高水平的券拱结构和促进这种结构发展的天然混凝土材料。券拱结构能够获得宽阔的室内空间，这对于室内设计产生了变革性的意义——从古希腊建筑关注外部空间与外部造型，转变到关注建筑内部和室内空间。而单从室内空间来看，古罗马建筑也完成了从以万神庙为代表的单一空间到以卡拉卡拉浴场为代表的多空间复杂组合的转变。卡拉卡拉浴场就是组合运用各种大小形状不同的十字拱、筒拱和穹隆顶组合其复杂的内部空间，并形成主次纵横的轴线和连贯丰富的室内空间序列，其内部空间艺术处理的重要性已经超过了外部体形。

古罗马建筑多是为现实的世俗生活服务的，很注重实用性和功能性。其建筑类型众多，除神庙这类宗教建筑外，还有皇宫、剧场、角斗场、竞技场、浴场、巴西利卡（Basilica）以及凯旋门、纪功柱和广场等公共建筑。居住建筑有内庭式住宅、内庭式与围柱式院相结合的住宅，还有四、五层的公寓式住宅。古罗马建筑设计这门技术科学已经相当发达，古罗马军事工程师维特鲁威写的《建筑十书》就是对这门科学的总结，此书也是欧洲中世纪以前遗留下来的唯一的建筑学专著。

古罗马建筑在继承了古希腊建筑的三种柱式，并对之进行罗马化后，又增加了塔斯干柱式（Toscan Ordo）和组合柱式（Composite Ordo）这两种柱式。最有意义的是创造出柱式同拱券的组合，如券柱式和连续券，既作结构，又作装饰，是古罗马建筑艺术与技术上的一个成就。庞贝古城比较有特色的是室内装饰性的壁画和陶瓷锦砖拼花地面。

⊖ 王瑞珠. 世界建筑史·古希腊卷（上、下册）[M]. 北京：中国建筑工业出版社，2003：365-424，677-693。

中国大百科全书出版社编辑部. 中国大百科全书：建筑·园林·城市规划（图文数据光盘）[DB/CD]. 北京：中国大百科全书出版社，2000，陶友松撰稿。

中国大百科全书出版社编辑部. 中国大百科全书：美术（图文数据光盘）[DB/CD]. 北京：中国大百科全书出版社，2000，帕台农神庙条目，杨蔼琪撰稿。

庞贝古城的4种风格壁画都极富装饰性，从其建筑室内设计的发展可以看到当时人们对于墙壁界面和室内空间的大胆探索和持续追求。古罗马的家具是从古希腊家具的原型中继承并发展的。宫殿和贵族府邸里的家具追求威严华丽之风，采用了大规模的细部装饰，材料上主要有木制、铜制和大理石制。

1. 罗马万神庙

万神庙（Pantheon）是集古罗马最具革新性的建筑材料、最高成就的建筑技术、最宏伟壮观的室内空间以及最华丽精致的内部装饰于一体的古罗马建筑珍品。在现代建筑结构出现以前，万神庙一直保持着世界上最大跨度的穹顶室内空间的世界纪录。万神庙也是第一座注重建筑的室内空间和内部装饰胜过建筑的外部造型的古罗马建筑，是古罗马时期单一空间和集中式构图的神庙建筑代表作。

入口门廊的平面宽34m，深15.5m；有高14.18m的科林斯式柱16根，分三排，前排8根，中、后排各4根。柱身高12.5m，底径1.43m，用整块埃及灰色花岗石加工而成，柱身无槽。柱头和柱础用白色大理石。其山花和柱式比例均是罗马式的。山花和檐头的雕像、大门扇、柱廊的天花梁板都是铜做的，包着金箔。穹顶和柱廊原来覆盖一层镀金铜瓦，后来以铅瓦覆盖（图2-32a，b）。

万神庙平面为圆形，墙体内沿圆周发8个大券，其中7个是壁龛，1个是大门。穹顶直径43.3m，高度与直径相等，也是43.3m。古罗马的建筑师采取了多种方法以解决穹顶的跨度及承重问题。万神庙的整个结构是用混凝土与不同石质的骨料混合来作为建筑材料的。作为骨料的石块，是逐层改变其重量的，底部的硬而重，顶部的软而轻。在底部的基础混合了大块沉重的玄武石，在中部的墙混合了膝盖大小的石头，而顶部的穹顶则使用了浮石。穹顶上部混凝土的密度只有基础密度的2/3。墙体结构的厚度也是越往上越薄，以减轻穹顶的重量，基础底宽7.3m，墙和穹顶底部厚6m，穹顶顶部厚1.5m。穹顶正中开有直径8.92m的圆洞，相应地省去了建筑材料，因此也大大减小了穹顶的重量，它也是万神庙内部唯一的入光口。穹顶内表面有深深的凹格天花共5排，每排28个，也可以起到减轻穹顶重量的作用。墙体内的7个壁龛和1个大门也能起到减轻基础负担的作用。此外，墙里和穹顶里都有暗券承重（图2-32c~e）。

万神庙的室内体现了完整单纯和庄严静穆的空间特征氛围。穹顶的直径和高度相等，都是43.3m，是一种单纯明确而又完整和谐的几何形状。万神庙的室内立面可以看作水平上3个连续循环的环状层次：底层环是由一系列科林斯式圆柱和壁柱进行竖向划分而形成向内凹进的壁龛、拱门和祭台。底层柱式的竖向划分不仅消减了水平方向上的沉重感，也形成了虚实相间的节奏感和前后凹进的层次感。中层环是交替的装饰镶板和假窗。其上便是逐渐升起的抹灰穹顶，其表面的凹格天花中心原来可能有镀金的铜质玫瑰花。凹格天花越向上越小，并最终将观者的视线引向正中巨大的圆洞天窗，从天窗中射入的光线更加渲染了万神庙内部宏伟的空间和华丽的装饰⊖。

⊖　中国大百科全书出版社编辑部. 中国大百科全书：建筑·园林·城市规划（图文数据光盘）[DB/CD]. 北京：中国大百科全书出版社，2000，罗马万神庙条目，陈志华撰稿.
陈志华. 外国建筑史（19世纪末叶以前）[M]. 3版. 北京：中国建筑工业出版社，2004：78-81.
陈平. 外国建筑史：从远古至19世纪[M]. 南京：东南大学出版社，2006：130-132.

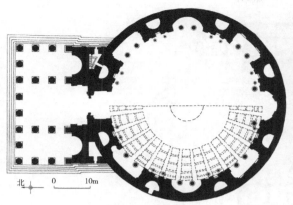

a）罗马万神庙平面图

b）罗马万神庙入口门廊内的
大门近景

c）罗马万神庙结
构细部

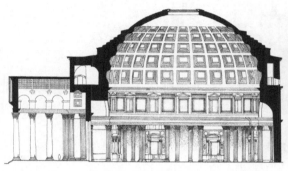

d）罗马万神庙剖面图

e）罗马万神庙内景

图2-32　罗马万神庙

2. 卡拉卡拉浴场

古罗马的浴场并不仅仅只供洗浴之用，在浴场周围往往还有运动场、讲演厅、图书馆、俱乐部、交谊厅、商店、林园等社交及文娱活动的场所及附属房间，形成了一个规模庞大的多功能建筑群。

卡拉卡拉浴场（Thermae of Caracalla，211~217年）占地575m×363m。中央是可供1600人同时淋浴的浴场主体建筑，长216m，宽122m。浴场主要包括热水浴、温水浴和冷水浴三个部分，其中又以温水浴大厅为核心。温水浴大厅是由3个十字拱横向相接成的，面积55.8m×24.1m，高33m，并利用十字拱开很大的侧高窗采光。冷水浴是一个露天浴池，四周墙面上装有钩子，可能为拉帐篷之用。热水浴是一个上有穹隆的圆形大厅，穹隆直径35m，厅高49m。穹顶的底部开有一周圈窗子，以排出雾气。墙内设有热气管道以采暖。围绕浴场主体建筑周围的是讲演厅、图书馆、林园、竞走场以及能蓄水33000m³的蓄水池，最外一圈是商店（图2-33、图2-34）。

图2-33　卡拉卡拉浴场复原图

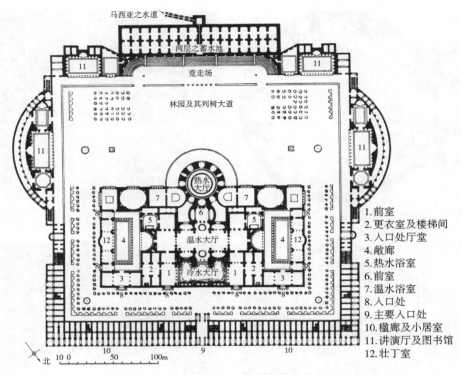

马西亚之水道

两层之蓄水池

竞走场

林园及其列树大道

热水大厅

温水大厅

冷水大厅

1. 前室
2. 更衣室及楼梯间
3. 入口处厅堂
4. 敞廊
5. 热水浴室
6. 前室
7. 温水浴室
8. 入口处
9. 主要入口处
10. 楹廊及小居室
11. 讲演厅及图书馆
12. 壮丁室

北   10 0   50   100m

图2-34   卡拉卡拉浴场平面图

　　相较万神庙的内部单一空间，古罗马的浴场开创性地形成了室内多空间的复杂组合。卡拉卡拉浴场中主要的三个部分，热水浴、温水浴和冷水浴三个大厅，串联在中央主轴线上，最终以热水浴大厅的集中式单一空间作为结束。中央主轴线两侧的更衣室及其他功能空间组成横轴线和次要的纵轴线。主要的纵横轴线相交在四面开敞的温水浴大厅中。轴线上空间的大小、形状、高低、明暗、开合交替变化，连同不同的拱顶和穹顶所形成的空间形状和大小的变化，构成了连贯丰富的室内空间的序列[⊖]。

2.3.6   中世纪时期

　　中世纪是从公元476年西罗马帝国灭亡到公元1453年欧洲资本主义制度萌芽发端的近千年的漫长时期。以下主要介绍中世纪时期的早期基督教建筑、拜占庭建筑、意大利的罗马风建筑以及法国的哥特建筑。

1. 早期基督教时期——三种教堂形制

　　这一时期主要的建筑活动是建造基督教堂。主要有巴西利卡式、集中式和十字式这三种形制，它们是西欧各地教堂建筑最初的蓝本。

　　巴西利卡（Basilica）是一种在古罗马时期用作法庭、交易会所及会场的大厅建筑形式。其平面一般为长方形，两端或一端设有半圆形龛（Apse）。大厅常被2排或4排柱

　　⊖ 中国大百科全书出版社编辑部. 中国大百科全书：建筑·园林·城市规划（图文数据光盘）[DB/CD]. 北京：中国大百科全书出版社，2000，古罗马浴场条目，陈志华撰稿。
　　陈志华. 外国建筑史（19世纪末叶以前）[M]. 3版. 北京：中国建筑工业出版社，2004：81-83.
　　罗小未，蔡琬英. 外国建筑历史图说[M]. 上海：同济大学出版社，1986：52-53.

子纵向分成3部分或5部分长条形空间，当中部分的空间宽而高，称为中厅（Nave）；两侧部分的空间狭而低，称为侧廊（Aisle）。中厅比侧廊高很多，常利用高差在两侧开高窗。巴西利卡的室内空间很疏朗，因此被重视群众性礼拜活动的基督教会选中。礼拜活动要面向耶路撒冷的圣墓，所以教堂的圣坛面向东端。大门因而开在西面，前有内庭院。巴西利卡式教堂的典型实例是梵蒂冈的圣彼得老教堂（图2-35），15世纪被拆除后建造了现在的圣彼得大教堂。

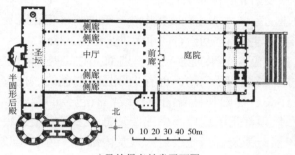

a）圣彼得老教堂平面图

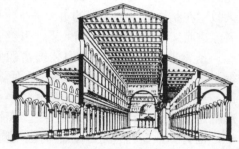

b）圣彼得老教堂室内复原图

图2-35　梵蒂冈的圣彼得老教堂

集中式教堂的平面为圆形或多边形，中间多覆以穹隆顶。罗马的圣科斯坦沙教堂原为君士坦丁的女儿之墓，1254年被改为教堂，属于集中式教堂形制。中央部分直径约为12.2m，穹隆由12对双柱所支承，周围是一圈筒形拱顶的回廊，室内墙面镶嵌彩色大理石（图2-36）。

十字式教堂的平面是十字形的，其布局可能与基督教对十字架的崇拜有关。在东罗马，十字式教堂的平面是向四面伸出相等臂长的正十字形式的教堂，称为希腊十字式教堂。而在西罗马，十字式教堂的竖臂比横臂伸出的长很多，大厅比圣坛和祭坛又长很多，因此称为拉丁十字式教堂。拉文纳的加拉·普拉西第亚墓是欧洲现存最早的十字式教堂。其内部前后进深约12m，左右开间约10m。平面十字交叉处上有穹隆，上覆盖四坡瓦顶；四翼的筒形拱顶外盖两坡瓦顶⊖（图2-37）。

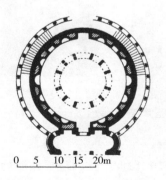

图2-36　罗马的圣科斯坦沙
教堂平面图

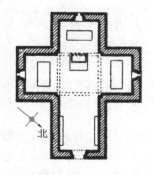

图2-37　拉文纳的加拉·普
拉西第亚墓平面图

⊖　李国豪. 中国土木建筑百科辞典：建筑[M]. 北京：中国建筑工业出版社，1999：120，151，196，366.
　　罗小未，蔡琬英. 外国建筑历史图说[M]. 上海：同济大学出版社，1986：100–101.

2. 拜占庭建筑—君士坦丁堡的圣索菲亚大教堂

君士坦丁堡的圣索菲亚大教堂（532~537年建），集中体现了拜占庭建筑的特点，其建筑师是来自小亚细亚的安泰米乌斯（Anthemius of Tralles）和伊西多尔（Isidore of Miletus）。教堂的布局属于以穹隆覆盖的巴西利卡式。教堂为长方形平面，内殿东西长77m，南北宽71.7m。正面入口有内、外两道门廊。大厅高大宽阔，中央大穹隆直径32.6m，其上有40个肋，穹顶下部有40个小天窗。穹顶离地54.8m，通过帆拱支承在4个7.6m宽的大柱墩上。其横推力由东西两个半穹顶及南北各两个大柱墩来平衡。得益于圣索菲亚大教堂在结构体系上取得的重大进步，教堂的室内才能达到既集中统一又曲折多变，既延展渗透而又复合多变的空间效果，引发了建筑与室内空间组合的重大进步（图2-38a）。

圣索菲亚大教堂的室内装饰富丽堂皇，色彩效果灿烂夺目。墙面和柱墩是用白、绿、黑、红等颜色的彩色大理石贴面。柱子多是深绿色的，也有少数是深红色的。柱头都是用白色大理石，并镶嵌着金箔。在柱头、柱础和柱身的交界线都有包金的铜箍，这既是结构需要，又有装饰效果。穹顶和拱顶都是用玻璃陶瓷锦砖装饰，多衬以金色底子，也有少数是蓝色底子。地面也用陶瓷锦砖铺装。当光线射入教堂内部时，色彩斑驳的玻璃陶瓷锦砖的镶嵌表面闪烁发光，伴随着悬空的铜烛台上的烛光和青烟，形成了虚实明暗不断变化的奇幻效果，这更增添了教堂神秘的宗教气息[⊖]（图2-38b）。

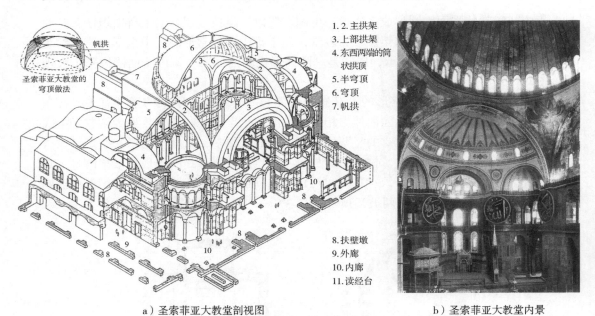

1. 2. 主拱架
3. 上部拱架
4. 东西两端的筒状拱顶
5. 半穹顶
6. 穹顶
7. 帆拱

8. 扶壁墩
9. 外廊
10. 内廊
11. 读经台

a）圣索菲亚大教堂剖视图　　　　　　b）圣索菲亚大教堂内景

图2-38　君士坦丁堡的圣索菲亚大教堂

3. 罗马风建筑—意大利的比萨主教堂建筑群

罗马风建筑（Romanesque architecture）是10~12世纪欧洲基督教流行地区的一种建筑和建筑风格。此时所用的建筑材料多取自古罗马废墟，建筑技术上继承了古罗马的半圆形拱券结构，建筑形式上又略有古罗马的风格，故称为"罗马风建筑"，也译作"罗曼建筑"、"罗马式建筑"、"似罗马建筑"等。其主要建筑类型是教堂、修道院和城

⊖　陈志华. 外国建筑史（19世纪末叶以前）[M]. 3版. 北京：中国建筑工业出版社，2004：94-96.

堡。罗马风建筑的主要特征是采用厚实的砖石墙、半圆形拱券、逐层退凹的门框装饰、比例肥矮的科林斯式柱头等，创造了肋骨交叉拱顶、束柱、扶壁，并开始使用彩色玻璃窗等，其结构和形式对后来的哥特建筑影响很大。

罗马风建筑的代表性作品是意大利的比萨主教堂建筑群，是由比萨主教堂（Pisa Cathedral，1063~1272年）、洗礼堂（The Baptistery，1153~1265年）和钟塔（The Campanile，1174~1271年）组成。主教堂平面为拉丁十字形的巴西利卡式，全长95m。室内有4条侧廊、4排柱子。中厅用木屋架，侧廊用十字拱顶。平面十字相交处的椭圆形穹顶是较晚的作品。山墙式的正立面高约32m，入口上面有4层连续的空券廊作装饰，是意大利罗马风建筑的典型手法。

洗礼堂为圆形平面，直径39.4m。其中心的圆厅直径约18m，圆厅的周围由4墩与8柱隔出双层外环廊。立面分为3层，底层以半圆券相连的壁柱作装饰，上面两层以连续的空券廊作装饰，券廊上的哥特式三角形山花和尖形装饰是13世纪所加。屋顶本来是锥形的，后来改成穹隆形顶，总高54m。

钟塔即是著名的比萨斜塔，也为圆形平面，直径约16m，高55m，分为8层。各层均以连续券作装饰，底层在墙上作浮雕式的连续券，中间6层是空券廊，顶层的钟亭向内缩进。塔内设有螺旋形楼梯[○]（图2-39）。

a）比萨主教堂建筑群外观

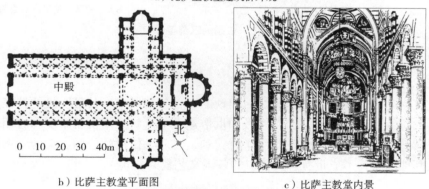

b）比萨主教堂平面图　　　　　c）比萨主教堂内景

图2-39　意大利的比萨主教堂建筑群

○　李国豪. 中国土木建筑百科辞典：建筑[M]. 北京：中国建筑工业出版社，1999：224.
　　陈志华. 外国建筑史（19世纪末叶以前）[M]. 3版. 北京：中国建筑工业出版社，2004：120–122.

4. 哥特建筑——法国的巴黎圣母院

哥特建筑（Gothic architecture）是11世纪下半叶起源于法国，13~15世纪流行于欧洲的一种建筑风格。之所以用"哥特"这一术语，是因为15世纪的文艺复兴运动提倡复兴古典文化，便将灭亡西罗马帝国并摧毁古典文化的"野蛮民族"哥特人建造的建筑称为"哥特建筑"，以贬斥它是"蛮族的"建筑。但其实哥特建筑的技术和艺术成就很高，在建筑史上占有重要地位。

法国的巴黎圣母院（Notre Dame，1163~1250年）是哥特建筑早期的成熟作品。教堂平面宽约47m，深约125m，可容纳近万人。它使用尖券、柱墩、肋架拱和飞扶壁组成石框架结构，代表着成熟的哥特式教堂的结构体系。教堂的正面即西立面的雕饰精美，底层3座尖拱形的大门，中间门上是《最后审判》浮雕，南北两门上为圣母子浮雕。底层上面是列王像廊，排列着28尊犹太和以色列国王的雕像。大门上面正中的玫瑰窗直径达13m，形如光环，是天国的象征。其两侧各有一对尖拱窗，前面立有亚当、夏娃的雕像。再上面是连拱廊屏饰，联系着两座高60m的塔楼。这个立面是法国哥特式教堂的典型形象，也是以后许多天主教堂的范本[⊖]（图2-40）。

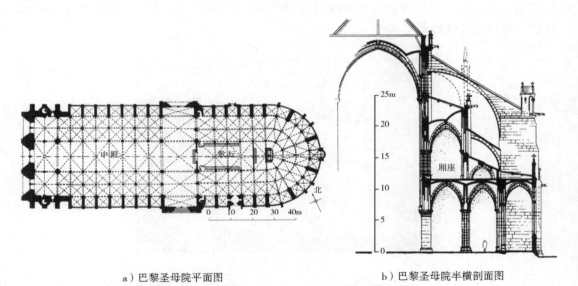

a）巴黎圣母院平面图　　　　　　　b）巴黎圣母院半横剖面图

图2-40　法国的巴黎圣母院

2.3.7　文艺复兴时期

文艺复兴建筑是继哥特式建筑之后出现的一种建筑风格，其最明显的特征是扬弃中世纪时期的哥特式建筑风格，而在宗教和世俗建筑上重新采用古希腊罗马时期的柱式构图要素。文艺复兴建筑在15世纪产生于意大利，以后又传播到法国、英国、德国、西班牙等西欧其他国家，形成带有各自特点的各国文艺复兴建筑。

⊖　中国大百科全书出版社编辑部. 中国大百科全书：美术（图文数据光盘）[DB/CD]. 北京：中国大百科全书出版社，2000，巴黎圣母院条目，陈志华撰稿。
中国大百科全书出版社编辑部. 中国大百科全书：建筑·园林·城市规划（图文数据光盘）[DB/CD]. 北京：中国大百科全书出版社，2000，巴黎圣母院条目，英若聪撰稿。

一般认为，标志着意大利文艺复兴建筑史开端的，是由布鲁乃列斯基（Fillipo Brunelleschi，1377~1446年）设计的佛罗伦萨主教堂的穹顶。由伯拉孟特（Donato Bramante，1444~1514年）设计的罗马的坦比哀多则标志着盛期文艺复兴建筑的开始，而罗马梵蒂冈的圣彼得主教堂则将盛期文艺复兴建筑推至最高峰。

1. 佛罗伦萨的巴齐礼拜堂

由布鲁乃列斯基（Fillipo Brunelleschi，1377~1446年）设计的佛罗伦萨的巴齐礼拜堂（Pazzi Chapel，1429~1461年）是早期文艺复兴时期的代表性建筑之一。巴齐礼拜堂主要由入口柱廊、大厅和圣坛三部分组成，平面上构图对称。

6根科林斯柱式将入口柱廊的正面划分为5开间。中央的一间稍宽，为5.3m。其上发一个大券，将柱廊分成两半。入口柱廊的进深也是5.3m，形成了入口柱廊中央一间的正方形平面形式，其上覆一帆拱式穹顶。大厅为18.2m×10.9m的长方形平面。正中的帆拱式穹顶直径10.9m，由12根骨架券组成。穹顶的顶点高20.8m。穹顶的左右两端各有一段高15.4m的筒形拱。大厅后面是平面为4.8m×4.8m的圣坛，其上覆盖一个帆拱式小穹顶。巴齐礼拜堂的室内墙面用白色，而墙面的长条壁柱、转角的折叠壁柱、檐部和券面等都用较深的灰绿色，以突出室内疏朗的构架。室内空间以大厅的穹顶为中心，在横轴线上通过中央穹顶与其两端筒形拱在结构形式和高度上对比，在纵轴线向上通过三个大小、高低及装饰手法都各不相同的帆拱式穹顶的对比，形成既统一整体又变化丰富的室内空间。巴齐礼拜堂大厅墙面上的圆形浮雕是卢卡·德拉·罗比亚（Luca della Robbia，1400~1482年）的作品⊖（图2-41、图2-42）。

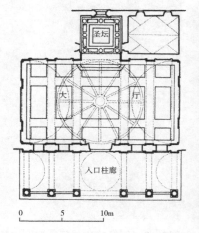

图2-41　佛罗伦萨的巴齐礼拜堂平面图

图2-42　佛罗伦萨的巴齐礼拜堂大厅内景

2. 罗马的法尔尼斯府邸内的卡拉奇画廊

罗马的法尔尼斯府邸（Palazzo Farnese，1520~1580年）由小桑迦洛（Antonioda Sangallo，the Younger，1485~1546年）设计，第三层的立面由米开朗琪罗（Michelangelo Buonarroti，1475~1564年）设计，它是盛期文艺复兴时期府邸建筑的代表。

法尔尼斯府邸内的卡拉奇画廊（Carracci Gallery）的天顶壁画（1597~1604年）由安尼巴莱·卡拉奇（Annibale Carracci 1560~1609年）所作。壁画整体布局设计成

⊖　陈志华. 外国建筑史（19世纪末叶以前）[M]. 3版. 北京：中国建筑工业出版社，2004：135–136.
约翰·派尔. 世界室内设计史[M]. 2版. 刘先觉，陈宇琳等译. 北京：中国建筑工业出版社，2007：120.

新颖的古典拱券结构，以巨人柱、半身柱和刻有各种花纹的檐边分割空间，四角透空显露蓝天。在此建筑结构的背景上安置大小10余幅壁画。有的直接画在墙面，而以建筑结构作其框边；有的为独立的画屏，悬挂于建筑之上。这些壁画都是表现古典神话题材，具体情节直接来自于古罗马诗人奥维德的《变形记》。卡拉奇画廊天顶壁画因透视幻觉而形成三维的建筑细部和雕塑，事实上是平滑粉刷表面上的逼真绘画，它体现了文艺复兴时期艺术家对透视法的掌握并在室内空间中大范围的界面中运用⊖（图2-43）。

3. 佛罗伦萨的劳仑齐阿纳图书馆的前厅

佛罗伦萨的劳仑齐阿纳图书馆的（Biblioteca Laurenziana，1523~1526年）前厅由米开朗琪罗设计。前厅平面为9.5m×10.5m。但顶棚很高，约有14.6m。正中设有一个大理石的阶梯。阶梯的面积很大，几乎填满了整个前厅，具有强烈的体积感。其形体富有变化，又很华丽，有很强的装饰性和雕塑感，成为整个前厅唯一的视觉中心。劳仑齐阿纳图书馆的前厅是最早发挥室内阶梯的雕塑性装饰效果的建筑之一。前厅的室内墙面采用了建筑外立面的处理手法，强调的是体积感。例如柱子向后退到深深的壁龛之中、凸出墙面有很多三角形的山花框的假窗、起伏很大的线脚等，这些都反映了同时作为雕塑家和建筑家的米开朗琪罗善于将雕刻与建筑结合起来的特点。米开朗琪罗是手法主义（Mannerism）的开创者，该建筑也是手法主义建筑的代表作⊖（图2-44）。

图2-43　罗马的法尔尼斯府邸内的卡拉奇画廊的天顶壁画　　图2-44　佛罗伦萨的劳仑齐阿纳图书馆的前厅

2.3.8　巴洛克、古典主义与洛可可时期

17~18世纪的欧洲产生了两个强大的建筑潮流，一个是巴洛克建筑，另一个是古典主义建筑。这两个建筑潮流互相冲突对立，在冲突对立中又互相渗透汲取（见表2-2）。

⊖　中国大百科全书出版社编辑部. 中国大百科全书：美术（图文数据光盘）[DB/CD]. 北京：中国大百科全书出版社，2000，卡拉奇兄弟条目，朱龙华撰稿。

⊖　陈志华. 外国建筑史（19世纪末叶以前）[M]. 3版. 北京：中国建筑工业出版社，2004：147.

表2-2　巴洛克建筑与古典主义建筑的比较

比 较 点	巴洛克建筑	古典主义建筑
最初发生时期	意大利文艺复兴晚期	
演变来源	手法主义	学院派
宗　师	米开朗琪罗	帕拉第奥
特　点	希望突破和创新，而不惜矫揉造作	拘泥于古希腊和古罗马的典范，且醉心于制定规范
文化背景	天主教反宗教改革运动的文化	统一的民族国家的宫廷文化
服务对象	教皇和宫廷贵族	国王和宫廷贵族
发轫地	意大利罗马	法国
传播地	西班牙、奥地利和德意志南部等天主教国家	英国、尼德兰和德意志北部等新教国家
艺术题材	宗教性题材	世俗性和古代异教的题材
代表作	天主教堂	宫殿
冲突对立点	反理性，力求突破既有的规则	高昂理性，企图建立更严谨的规则
	强调动态和不安，追求个性，不免做作	强调平稳和沉静，追求客观性，不免教条化
	重视色彩，喜欢用对比色，认为色比形重要	重视构图和形体，认为形比色更有价值，喜用调和色
	追求绘画、雕刻和建筑的融合，消除它们的边界	绘画、雕刻和建筑三者独立完成，虽然追求它们的和谐，但建筑只是绘画和雕刻的框架
	表现空间和体积，不惜用虚假的手段	拘谨地写实

注：此表据陈志华. 外国古建筑二十讲：插图珍藏本[M]. 北京：生活·读书·新知三联书店，2002：135－136。

1. 巴洛克建筑——罗马的四喷泉圣卡罗教堂

巴洛克建筑（Baroque Architecture）是17~18世纪在意大利文艺复兴建筑的基础上发展起来的一种建筑风格。巴洛克（baroque）一词的原意是"畸形的珍珠"，稀奇古怪的意思，是18世纪古典主义者对17世纪意大利建筑的一种片面的偏见和不公正的讥讽。

从16世纪末到17世纪初，罗马教皇为了抑制正在兴起的宗教改革运动，加强天主教对市民的思想统治，压迫新教，在罗马城中兴建了大量教堂。由维尼奥拉（Giacomo Barozzi da Vignola，1507~1573年）设计的罗马的耶稣会教堂（始建于1568年）是早期意大利巴洛克建筑的第一个代表作。

更为有特点的是在17世纪30年代之后大量兴建的小型天主教教区小教堂。这些小教堂已经不是为实际的举行宗教仪式需要而建，而仅仅是一种纪念物甚至是一种城市装饰，以此来炫耀教会的胜利和富有。它们规模都不大，但形式独特，外形自由，追求动态，常用穿插的曲面和椭圆形空间，喜好用富丽的雕刻、强烈的装饰和鲜明的色彩，并善于制造神秘的宗教气氛。其代表作是由17世纪盛期巴洛克建筑最杰出的大师波洛米尼（Francesco Boromini，1599~1667年）设计的罗马的四喷泉圣卡罗教堂（San Carlo alle

Quattro Fontane，1638~1667年）。教堂不大，其平面近似为椭圆形的橄榄状，其周围有一些深深的装饰着圆柱的壁龛和凹室，以致其空间形式相当复杂，凹凸分明并赋予动感。穹顶的内表面是装饰着相互联结在一起的六边形、八边形和十字形的几何形式的藻井形。这些几何形式单纯明确，组合又很巧妙。其平面是由两个等边三角形共用一边组成的一个菱形，两个等边三角形中内切的圆形分别与菱形相交，在此基础上而形成的椭圆形平面。这些都反映了波洛米尼对于几何学的热爱。从一个侧面也体现了巴洛克建筑极其富有想象力，并开拓了室内空间布局崭新观念的积极意义[○]（图2-45）。

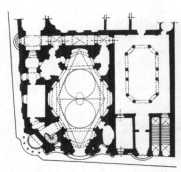

　a）罗马的四喷泉圣卡罗教堂平面图　　　　b）罗马的四喷泉圣卡罗教堂内景　　　　c）罗马的四喷泉圣卡罗教堂穹顶

图2-45　罗马的四喷泉圣卡罗教堂

2. 古典主义建筑

17世纪与巴洛克建筑同时并进的是古典主义建筑（Classical Architecture），是指运用"纯正"的古希腊、古罗马建筑和意大利文艺复兴建筑样式和古典柱式的建筑，主要是法国古典主义建筑，以及其他地区受它的影响的建筑。17世纪中叶法国成为欧洲最强大的中央集权王国，国王路易十四（Louis XⅣ，1643~1715年在位）为了巩固君主专制，竭力标榜绝对君权，并鼓吹笛卡尔（Rene Descartes，1596~1650年）的唯理主义哲学。法国文化艺术中的各个领域逐渐成为国王歌功颂德的工具。体现在建筑上，法国古典主义建筑的总体布局、建筑平面和立面造型强调的是轴线对称、主从关系、突出中心和规则的几何形体等，并提倡富于统一性与稳定感的横三段和纵三段（或纵五段）的构图手法[○]。

法国古典主义建筑的代表作是宫廷建筑，如巴黎卢浮宫的东立面（The Louvre，1667~1674年）和凡尔赛宫（Palaisde Versaliies，1661~1756年）。巴黎卢浮宫的东立面便是采用"横三纵五"的立面构图，有主有从，有起有迄，是对立统一法则在建筑立面构图中的成功运用（图2-46）。与古典主义建筑理论所规定的排斥装饰相反，宫廷建筑的内部却充满了装饰，竭尽奢侈与豪华之能事，在室内空间和装饰上常有强烈的巴洛克特征。比较著名的是由孟萨尔（Jules Hardouin Mansart，1646~1708年）设计的凡尔赛宫中的镜厅（Galerie des Glaces），其室内装修全部由夏尔·勒布伦（Charles le Brun，1619年~1690年）负责（图2-47）。

○　陈志华. 外国建筑史（19世纪末叶以前）[M]. 3版. 北京：中国建筑工业出版社，2004：172-174，178.
○　罗小未，蔡琬英. 外国建筑历史图说[M]. 上海：同济大学出版社，1986：120.

图2-46　巴黎卢浮宫东立面　　　　　　图2-47　凡尔赛宫中的镜厅内景

3. 洛可可风格

洛可可风格（rococo style）产生于18世纪20年代的法国，它是在17世纪从意大利引进并在法国发展的巴洛克建筑的基础上演变而来的（见表2-3）。洛可可风格的形成还受到中国艺术西传的强烈影响（在庭园设计、室内装饰、丝织品、瓷器和漆器等方面尤为明显）。洛可可风格发生在法王路易十五（1715~1774年在位）时代，它取代了古典主义，所反映的是路易十四时代绝对君权衰退后，行将没落的宫廷贵族（尤其是贵族夫人）的逸乐生活。

表2-3　洛可可与巴洛克和古典主义的比较

比较点	洛可可	巴洛克与古典主义
对比词	脂粉味、欢愉、亲切、舒适、雅致、优美、安逸、方便、自然、温馨、生活化、不对称、变化万千	阳刚气、崇高、夸张、尊贵、庄严、宏伟、排场、气派、程式、神秘、纪念性、对称轴线、统一稳定
手法语言	排斥一切建筑母题，用纤弱柔和的线脚、壁板和画框来划分墙面	惯用柱式构件
浮雕	用细巧的璎珞、卷草和很薄的浅浮雕，使它们的边缘不留痕迹地融进壁板的平面中，要避免造成硬性的光影变化	惯用有体积感的圆雕、高浮雕和壁龛，强调体积感、雕塑感和光影效果
绘画及其题材	小幅的情爱题材和享乐题材的绘画，或者用画着山林乡野风景与农村人物生活场景的壁纸	惯用寓意深刻的宗教题材或战史题材的大幅壁画
界面装修材料	墙面用花纸、纺织品、粉刷、漆白色的木板或本色木材打蜡、镶嵌大块的玻璃镜子；地面铺地板；窗前挂绸帘；壁炉用青花瓷砖贴面	用硬冷的大理石材料做墙面、地面和壁炉
色彩	喜欢用娇艳明快的色彩，如嫩绿、粉红、玫瑰红等鲜艳的浅色调，在线脚处大多是以金色作点缀	巴洛克建筑喜欢用对比色；古典主义建筑喜欢用调和色
装饰纹样	草叶、蚌壳、蔷薇、棕榈等植物纹样的自然形态	几何纹样的规则形体

注：此表据陈志华. 外国古建筑二十讲：插图珍藏本[M]. 北京：生活·读书·新知三联书店，2002：193-194.
　　陈志华. 外国建筑史（19世纪末叶以前）[M]. 3版. 北京：中国建筑工业出版社，2004：203.

洛可可风格主要表现在府邸的室内装饰上。最具代表性的作品是由博弗兰（Gabriel Germain Boffrand，1667~1754年）设计的巴黎苏俾士府邸的公主沙龙（Hotel de Soubise，1735年）。沙龙的平面形式较为简单，呈椭圆形，但室内装饰却十分复杂。墙面是白色的，使用了大量的镜面，并与灰蓝色的顶棚用曲面连接成一体，其间有纳托瓦（Charles-Joseph Natoire，1700~1777年）的油画作品。窗户、门、镜子、油画和顶棚的周围都环绕着镀金的洛可可装饰细部，房间中央悬挂着一个巨大的水晶枝形花灯，透过镜子的多次折射使室内呈现出闪烁迷离的柔媚气息[一]（图2-48）。

图2-48　巴黎苏俾士府邸的公主沙龙

2.3.9　古典复兴、浪漫主义与折衷主义时期

18世纪下半叶到20世纪初期欧美建筑中先后出现了古典复兴、浪漫主义和折衷主义的建筑思潮，是该时期建筑的主要潮流，总称为"复古主义建筑思潮"。

1. 古典复兴

"古典复兴建筑"（Classical Revival Architecture）也称为"新古典主义建筑"，18世纪60年代到19世纪流行于欧美一些国家，是采用古代希腊和古代罗马严谨形式的建筑。采用古典复兴建筑风格的主要是国会、法院、银行、交易所、博物馆、剧院等公共建筑和一些纪念性建筑。这种建筑风格对一般的住宅、教堂、学校等影响不大。

当时，人们受法国启蒙运动的思想影响，崇尚古代希腊和古代罗马文化。古希腊和古罗马遗址的考古发掘出土了大量的艺术珍品，并提供了许多关于古希腊和古罗马早期建筑的知识，为这种思想的实现提供了良好的条件。学者之间还产生了"希腊与罗马优劣之争"的激烈论战。反映在建筑上，古典复兴在欧美不同的国家和不同的建筑类型中有不同的倾向。

古典复兴的发端地法国以罗马复兴居多，代表作是由苏夫洛（Jacques-Germain Soufflot，1713~1780年）设计的巴黎万神庙（巴黎圣日内维夫教堂，St.Genevieve，1757~1792年）。

英国和德国则以希腊复兴为主。英国的希腊复兴式建筑代表作是由斯默克（Robert Smirke，1780~1867年）设计的大英博物馆（British Museum，1823~1846年）。德国的希腊复兴式建筑代表作是辛克尔（Karl Friedrich Schinkel，1781~1841年）设计的柏林新博物馆（Altes Museum，1823~1830年，现名为柏林老博物馆）。

美国独立（1776年）以前，建筑造型多采用英国的古典主义和帕拉第奥主义式样，称为"殖民地风格（Colonial Style）"。美国独立以后，美国资产阶级在摆脱殖民统治的同时，力图摆脱建筑上的殖民地风格，同时引进了法国的启蒙主义思想，由此在建筑中兴起了罗马复兴，代表作是华盛顿的美国国会大厦（United States Capitol，1792~1827

㊀　约翰·派尔. 世界室内设计史[M]. 2版. 刘先觉，陈宇琳等译. 北京：中国建筑工业出版社，2007：172–173.

年）。19世纪上半叶的美国还兴建了大量希腊复兴式的建筑[一]。

2. 浪漫主义

"浪漫主义建筑"（Romanticism Architecture）是18世纪下半叶到19世纪下半叶欧美一些国家在文学艺术中的浪漫主义思潮影响下流行的一种建筑风格。它强调个性，提倡自然主义，主张用中世纪的艺术风格与学院派的古典主义艺术相抗衡。这种思潮在建筑上表现为追求超尘脱俗的趣味和异国情调。

英国是浪漫主义的发源地。18世纪60年代到19世纪30年代是英国浪漫主义建筑发展的第一阶段，称为"先浪漫主义"。主要是在庄园府邸中模仿中世纪的城堡和哥特式的教堂，往往还有对东方情调的向往，其代表作是由詹姆斯·怀亚特（James Wyatt，1746~1813年）设计的名为封蒂尔修道院（Fonthill Abbey，1796~1814年）的府邸。19世纪30年代到70年代是英国浪漫主义建筑的极盛时期，由于追求中世纪的哥特式建筑风格，又被称为"哥特复兴建筑"。典型实例是由巴里（Charles Barry，1795~1860年）和普金（Augustus Welby Northmore Pugin，1812~1852年）设计的伦敦议会大厦（House of Parliament，1836~1868年）。

浪漫主义建筑主要限于教堂、大学、市政厅等中世纪就有的建筑类型。浪漫主义建筑在德国和美国曾一度风靡，而在法国和意大利则不太流行[二]。

3. 折衷主义

"折衷主义建筑"（Eclectic Architecture）是19世纪上半叶至20世纪初在欧美一些国家流行的一种建筑风格。折衷主义建筑师模仿各个历史时代的建筑风格样式，甚至自由地组合、糅杂各种历史风格。他们不讲求固定的法式，只讲求比例均衡，注重纯形式美。

折衷主义建筑在19世纪中叶以法国最为典型。巴黎高等艺术学院是当时传播折衷主义艺术和建筑的中心，在19世纪末和20世纪初期，则以美国最为突出。总的来说，折衷主义建筑思潮依然是保守的，它没有按照当时不断出现的新建筑材料和新建筑技术去创造与之相适应的新建筑形式。

折衷主义建筑的代表作有加尼耶（Jean-Louis Charles Garnier，1825~1898年）设计的巴黎歌剧院（1861~1874年）和亨特（Richard Morris Hunt，1827~1895年）设计的美国芝加哥的哥伦比亚博览会建筑（1893年）[三]。

2.4 西方近现代室内设计发展概述

2.4.1 从"水晶宫"到"工艺美术"运动

工业革命的发展改变了传统的建造技术，科技的进步增加了很多新型材料，如铸铁、玻璃以及后来被广泛使用的混凝土，使材料变得更加便于利用，也可以对材料进行强度计算，在建设工地上可以使用更好的设备和机械。城市规模的扩大，需要数量庞大、范围更广的配套设施。公共活动的增加要求更大的公共建筑，各种各样全新的建筑

[一] 李国豪. 土木建筑工程词典[M]. 上海：上海辞书出版社，1991：119.
  陈志华. 外国建筑史（19世纪末叶以前）[M]. 3版. 北京：中国建筑工业出版社，2004：272-275.
[二] 李国豪. 土木建筑工程词典[M]. 上海：上海辞书出版社，1991：198.
[三] 李国豪. 土木建筑工程词典[M]. 上海：上海辞书出版社，1991：422.

不断出现，带来了建筑及室内设计的新变化。随之而来的是生活方式的改变，以往的那种节奏缓慢、浪漫的生活方式被急迫的、缺乏人情味的生活方式取代。设计先驱们期望能够通过手工艺的方式，或者手工艺的形式，对工业化的设计进行改良。在这种背景下，产生了在设计史上具有重要的地位的19世纪末和20世纪初的——"工艺美术"运动。

1. "水晶宫"

1851年举办的伦敦国际博览会，在设计史上具有非常重要的地位。展览会会场建筑由约瑟夫·帕克斯顿（Joseph Paxton，1803~1865年）设计，值得一提的是帕克斯顿并不是科班出身的设计师，他原先的职业是园丁，因为要给贵族的植物造温室，所以积累了一些建造玻璃和铸铁温室的工程经验（图2-49a）。

水晶宫中大量出现的竖直的铸铁管柱子既是结构构件，也是排雨水的管道。为了解决玻璃的凝结水的问题，折形玻璃顶棚做成了斜面，这样可以防止凝结水直接滴落，水通过每个木窗框到较低横梁上的水槽排到檐槽。地板面高起地面4ft（约合1.22m），底下的空间促进通风，并设有挡尘土的装置。《泰晤士报》上有这么一段话："以无与伦比的机械独创性，产生出来一种崭新的建筑秩序，具有最奇异和最美丽的效果，它的出现为我们提供了一座建筑物"[一]。水晶宫的建造成功，开创了建筑界采用标准构件、铁和玻璃这两种新材料的设计和建造的先河。帕克斯顿的贡献在于把这些技术用于大型的公共建筑，其次他运用新古典主义的设计手法，利用重复的模数结构造成建筑内部空间无穷无尽的感觉，在视觉上达到了特殊的效果（图2-49b，c）。

a）水晶宫外观　　　　b）水晶宫内景（大树是海德公园原有的）　　　c）水晶宫内景（吊起的华盖是维多利亚女王参加开幕式时的位置）

图2-49　水晶宫

2. "工艺美术"运动

19世纪中期，面对潮水般涌来的工业化产品和工业建筑，在工业化单调、刻板的设计面貌前，设计先驱们企图通过过去的文明寻找设计的出路，或者企图从自然形态找到设计的新选择。在理论与实践的推动下，"工艺美术"运动（The Arts & Crafts Movement）应运而生。"工艺美术"运动遵循约翰·拉斯金（John Ruskin，1819~1900年）的理论，主张在设计上回溯到中世纪的传统，恢复手工艺行会传统，主张设计的真

　　⊖ L.本奈沃洛. 西方现代建筑史[M]. 邹德侬，巴竹师，高军译. 天津：天津科学技术出版，1996：94.

实、诚挚，形式与功能的统一，主张设计装饰上从自然形态吸取营养。这个运动大约开始于1864年前后，结束于20世纪初。"工艺美术"运动的代表人物则是艺术家、诗人威廉·莫里斯（William Morris，1834~1896年）。莫里斯自己的住宅全部用红砖砌成，这就是设计史上著名的"红屋"。菲利普·韦伯（Philip Webb，1831~1915年）为它做了建筑平面，莫里斯和他的朋友们设计并制作了家具。"红屋"是"工艺美术"运动的代表作品（图2-50）。

a）红屋外观

c）红屋二层走廊

d）红屋二层起居室

b）红屋一层楼梯间

e）红屋二层起居室壁炉

图2-50　"红屋"

2.4.2　新艺术运动

新艺术运动（Art Nouveau）是19世纪末至20世纪初在西方产生和发展的一次影响面相当大的设计艺术运动。新艺术运动强调手工艺的重要性，排斥传统的装饰风格，借鉴自然界中以植物、动物形态为中心的装饰风格和图案。在装饰上突出表现曲线和有机形态，而装饰的构思基本来源于自然形态。这个运动从1895年左右的法国开始发端，之后成为一个影响广泛的国际设计运动，然后逐步为"现代主义运动"和"装饰艺术运动"（Art Deco）取而代之。为20世纪初的设计开创了一个新阶段，成为传统设计与现代设计之间的一个承上启下的重要阶段。"新艺术"是一个法文词，在欧洲有大约五六个国家是用这个旗号来发动这场运动的，其中包括法国、荷兰、比利时、西班牙、意大利等。德国则称这场运动为"青年风格派"（Jugendstil），在奥地利被称为"分离派"（Secessionist），在斯堪的纳维亚各国，则称之为"工艺美术运动"。虽然名称各异，但整个运动的内容和形式则是相近的。

1. 维克多·霍塔

维克多·霍塔（Victor Horta，1861~1947年）的建筑设计不但代表了比利时"新艺术"运动的最高水平，而且也是世界"新艺术"运动建筑设计中最杰出的代表之一。霍塔在布鲁塞尔设计的塔塞旅馆（Hotel Tassel，1892~1893年），是"新艺术"运动最杰出的设计之一。无论建筑外表设计，立面装饰，还是室内设计中栏杆、墙纸、地板陶瓷镶嵌、灯具、窗户的玻璃镶嵌设计等，都具有高度统一的"新艺术"运动风格，曲线流畅，色彩协调，得到世界广泛的好评。他在装饰上一方面保持了"新艺术"运动的基本风格，比如曲线为主的装饰特征，同时也在功能和装饰之间取得很好的平衡关系，比大部分法国"新艺术"风格设计师走极端的方式，更加稳健和完美（图2-51）。

a）塔塞旅馆内景

b）塔塞旅馆楼梯间

c）霍塔自宅内景

d）霍塔自宅室内采光顶棚

e）霍塔自宅扶手细部

f）布鲁塞尔人民宫

图2-51　霍塔作品

2. 安东尼·高迪

新艺术运动在欧洲各地虽然目的相似，都采用了自然主义的形式，拒绝使用直线。但是，各个地方的具体表现方式却不尽相同。其中，最为极端、最具有宗教气氛的"新艺术"运动是在地中海沿岸地区，特别是在西班牙的南部地区和巴塞罗那地区。

而最具代表性的人物，要属建筑家安东尼·高迪（Antonio Gaudi i Cornet，1852~1926年）。1904~1906年，他设计了巴塞罗那的一个重要的公寓建筑——巴特罗公寓（the Casa Batllo，1904~1906年），这个项目进一步发展了他在居里公园（the Guell park，1900~1914年）上的想象力，房屋的外形象征海洋和海生动物的细节。这个建筑标志着他的个人风格的形成（图2-52a~c）。

　　他同时的公寓设计——米拉公寓（the Casa Mila，1906~1910年）完全采用有机形态，无论外表还是内部，包括家具在内，都尽量避免采用直线和平面，整个建筑好像一个融化的冰淇淋。采用混凝土模具成型，全力造成一个完全有机的形态。内部的家具、门窗、装饰部件也全部是吸取植物、动物形态构思的造型。这是他最为著名的设计之一。同时也是新艺术运动的有机形态、曲线风格发展到最极端化的代表作品，对于了解新艺术运动风格的思想实质和形式特征非常有帮助（图2-52d~f）。

a）米拉公寓

b）巴特罗公寓壁炉空间

c）巴特罗公寓楼梯间

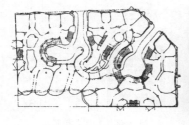
d）米拉公寓一层平面

e）米拉公寓主要楼层的起居室，
图中的家具已不存在

f）米拉公寓的长椅，高迪设计
（1906~1910）

图2-52　高迪作品

3. 查尔斯·麦金托什

　　"新艺术运动"除了在欧洲广泛流传，在英国也有所发展，代表人物是查尔斯·麦金托什（Charles Rennie Mackintosh，1868~1928年）。麦金托什和他的合伙人组成的"格拉斯哥四人"的探索，为20世纪的现代主义设计铺垫出一条大道。特别是他设计的格拉斯哥艺术学院（Glasgow School of Art，第一期工程在1897~1899年间，第二期工程在1907~1909年间）（图2-53a~d），是他设计风格特征的集中体现，其中包括了新艺术运动的风格，也包含了现代主义的特点，同时更具有他自己的特征，是20世纪初设计的经典之作。

　　麦金托什的室内设计基本采用直线和简单的几何造型，同时运用白色和黑色为基本色彩，细节处稍许采用自然图案，比如花卉藤蔓的形状，因此达到既有整体感，又有典雅的细节装饰的目的。他的比较重要的室内设计项目有：格拉斯哥艺术学院的室内设计，著名的杨柳茶室（the Room de Luxe at the Willow Tearoom，1903年）（图2-53e）等。除了室内设计外，他还为这些项目设计的家具，特别是椅子、柜子、床等，都非常杰出。尤其是他出名的高背椅子至今还在生产（图2-53f）。

a）格拉斯哥艺术学院绘画教室内景

c）格拉斯哥艺术学院图书馆内景

e）杨柳茶室内景

b）格拉斯哥艺术学院图书馆一角

d）格拉斯哥艺术学院会议室内景

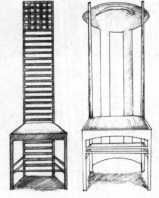

f）麦金托什设计的椅子

图2-53　麦金托什的室内及家具设计

2.4.3　装饰艺术运动

"装饰艺术"运动（Art Deco）几乎与现代主义设计运动同时发生，主要在20世纪20~30年代由法国、英国及美国开展起来。这个运动在建筑的室内设计形式、材料的使用上受到现代主义设计运动很大的影响，装饰是其主要的形式特征。但是"装饰艺术"运动的设计思想与现代主义设计运动截然不同，现代主义设计运动强调设计要为大多数人服务；而"装饰艺术"运动则是为少数人服务，服务对象是上层权贵。

装饰艺术运动没有去排斥机器化大生产的成果，而是将代表时代发展的装饰性语素与工业化形式相结合。形式上有一些明显的特征，如大量使用发射形、闪电形、曲折形、金字塔形、重叠箭头形等。色彩上常用原色和金属色，如鲜红、鲜蓝、古铜、金色、银色等。这些装饰元素很多来自于古埃及和美洲的土著文化（图2-54）。

"装饰艺术"运动在法国是以巴黎为中心发展开来，法国的"装饰艺术"风格主要体现在家具设计上。法国是以豪华、奢侈品的设计生产而闻名于世，平民化的现代主义设计运动在法国并没有真正地开展起来，但法国的设计师并没有完全地抛弃装饰，所以，法国"装饰艺术"家具是简练与装饰融为一体的（图2-54d、e）。

欧洲的"装饰艺术"风格受到一战的影响而中断、停滞，而美国"装饰艺术"运动发展则表现得欣欣向荣。在美国，"装饰艺术"运动主要集中于建筑设计及建筑相关的设计领域，如室内设计、家具、壁画及家居用品。其中重要设计有纽约帝国大厦、纽约克莱斯勒大厦、纽约洛克菲勒中心大厦（图2-54b、c）。这些建筑室内大量地使用壁画、绚丽的色彩和金碧辉煌的金属装饰。虽然美国的"装饰艺术"运动中大量的设计还是为上层服务，但是电影院与百货大楼的设计已经倾向于大众化的设计，这是美国"装饰艺术"运动的一个特点（图2-54a）。

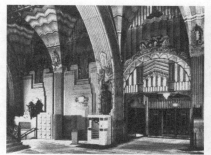

a）加利福尼亚洛杉矶一家电影院的室内设计（1929年）

b）纽约洛克菲勒中心入口大厅（1930年）

c）纽约洛克菲勒中心电梯门装饰（1930年）

d）巴黎秋季沙龙展（1913年）

e）法国诺曼底号轮船大厅（1935年）

f）伦敦弗里特街《每日快报》大厦入口大厅（1929~1931年）

图2-54 "装饰艺术"运动设计风格的作品

2.4.4 现代主义设计运动的萌起

荷兰、俄国、德国是欧洲现代主义设计萌起的三个中心，其中，荷兰是以"风格派"为主，俄国是以"构成主义"运动为主，德国是以一所设计学校——"包豪斯"而闻名世界设计史。包豪斯的教师有一些来自于上述两个中心，学校融汇了欧洲当时前卫的设计探索。设计先驱们为了把民主主义思想融入设计中，努力地寻找代表新时代的设计形式。所以在设计形式上，装饰被弱化或者取消，以简单的几何造型为主，室内设计强调自由的空间布局。

1. 设计先驱

彼得·贝伦斯（Peter Behrens，1868~1940年）早年受到新艺术运动的影响（图2-55a），是较早提出现代设计思想的设计家之一，被称之为"德国工业设计之父"。

贝伦斯于1907年为德国最大的电器生产企业设计了世界上最早的企业形象系统和一系列的工业产品。1909~1912年他设计了该公司的涡轮机工厂建筑，这座建筑采用钢筋混凝土结构，采用了三折式的钢铁结构支撑，室内空间高达25m，是当时世界范围内最现代化的厂房。这个厂房的端部丰满的山墙上有折线的轮廓，下面是玻璃墙，从成条重复的砖砌的角部凸现出来，产生一种精细的抽象的效果（图2-55b~d）。他的设计具有高度的功能性，在设计上，他强调简洁、功能良好的外形和结构。

b）涡轮机工厂外观

c）涡轮机工厂外观

d）涡轮机工厂内景

a）贝伦斯住宅餐厅（1899~1901年）

图2-55 贝伦斯的设计作品

芝加哥学派（Chicago School）是指集中在芝加哥的一批美国建筑设计师，围绕着高层建筑设计而发展起来的一个设计团体。他们的设计风格、方式和设计思想影响了欧美的设计师，对促进高层建筑的发展有积极的作用。

用钢结构建造摩天楼是芝加哥学派在设计上的重大成就。代表人物是路易斯·沙利文（Louis H.Sullivan，1856~1924年），19世纪末至20世纪初他总共参与设计和建造了100多栋高层建筑，著名的设计作品有芝加哥会议大楼等。芝加哥会议大楼实际上是一个集办公、旅馆与剧院为一体的商业建筑。室内设计装饰比较精美，墙面有精致的浮雕，采用了镀金的技术和安装电灯来达到一种装饰效果，戏剧化效果很浓（图2-56），沙利文在装饰设计上常采用自然主义的装饰纹样。

a）芝加哥会议大楼外观

b）芝加哥会议大楼剧场内景

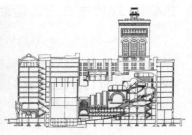

c）芝加哥会议大楼切过礼堂和剧场的纵剖面

图2-56 沙利文的设计作品

2. 设计运动中心

俄国的构成主义设计运动是在十月革命前后产生的，运动持续到1925年左右。其探索的深度和范围不亚于包豪斯与风格派。他们之间也是相互影响、借鉴，如包豪斯的基础教育和设计思想很大程度上受到构成主义的影响（图2-57a），包豪斯聘请的教员，有一些也是构成主义的成员，构成主义把结构当成建筑设计的起点，以此来作为建筑表现的中心。

李西斯基（El Lissitzky，1890~1941年）是俄国构成主义的重要人物，他是建筑师、画家、平面设计师，与荷兰风格派有密切的联系与合作（图2-57b~d）。俄国的构成主义者认为构成主义形式具有社会含义和旗帜鲜明的政治立场。

a）包豪斯设计的有构成主义特色的家具、灯具及地毯（1923年）

b）"Proun room"柏林艺术大展（1923年，1971年复制）

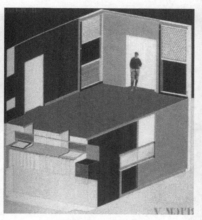

c）抽象的内阁（1927年）

d）德国莱锡比国际皮毛、狩猎展展台设计（1930年）

图2-57 构成主义作品

荷兰风格派（De Stijl），这个运动的名称来自《风格》杂志，1917~1928年荷兰的一些艺术家、设计师组织的一个松散的团体。主要的组织者是西奥多·凡·杜斯伯格（Theo Van Doesburg，1883~1931年），他创办了《风格》杂志，很多风格派的成员在这个杂志上发表作品。

荷兰风格派运动的设计有一些明显的特征，设计中没有传统的纹样，都变成了简单的几何形单体元素，色彩常用原色和中性色，纵横交错搭连，形成一种非对称的视觉效果。法国斯特拉斯堡的奥伯特咖啡厅（1926~1928年）（图2-58a），由杜斯伯格设计。这个咖啡厅具有舞厅、电影院的功能，墙面的正中是一块荧幕。咖啡卡座沿两侧排列，中间是舞池，整个设计风格非常突出。

里特维尔德（Gerrit Rietveld，1888~1964年）设计的施罗德住宅，运用直线、平板的纵横交叉，制造了一种非对称的动感形象。住宅分上下两层，上层为起居空间，施罗德夫人与她的三个孩子住在一起，他们要求有各自独立的空间，但又要有开放交流空间。所以在二层设计了一些推拉的移门，可根据使用开合。室内的灯具都由里特维尔德设计（图2-58b~e）。另外，他的著名作品——"红蓝椅子"（图2-58f），也是风格派的代表作品。

a）奥伯特咖啡厅

b）1923年与伊斯特伦合作的
阿姆斯特丹大学大厅效果图

c）施罗德住宅内景

d）施罗德住宅外观

e）施罗德住宅内景

f）红蓝椅子

图2-58　荷兰风格派作品

3. 现代主义设计大师

沃尔特·格罗佩斯（Walter Gropius，1883~1969年）是现代主义建筑和设计思想、现代设计教育的奠基人。他于1911年设计了欧洲第一座玻璃幕墙建筑——法格斯工厂。1919~1928年创建了世界上第一所现代意义上的设计学校——"包豪斯"，并亲自设计了包豪斯在德国德绍的校舍（图2-59）。

a）包豪斯校舍外观

b）包豪斯校舍内部楼梯间

c）包豪斯工场内景

d）依靠机械装置统一开启的窗户

图2-59　包豪斯德绍校舍

这座建筑形式上严谨，是一个综合性的建筑群，包括了教室、工作室、礼堂、工场、办公室、宿舍、体育馆等设施。整体采用非对称结构，完全用预制件拼装。工场部分用的是大面积的玻璃幕墙。室内通风由专门的机械装置统一控制，灯具、家具、门把手均统一设计，由此可以看到标准化的工业痕迹。

密斯·凡·德·罗（Ludwig Mies van der Rohe，1886~1969年）在1929年设计了西班牙巴塞罗那世界博览会德国馆，这件作品奠定了他大师的地位，也是体现其设计思想的里程碑。展览馆分为室外与室内两部分，屋顶用八根镀铬的十字形钢柱来支撑。室内空间空敞，用石材和玻璃分隔空间，依靠的是空间的围合与材质的对比，室内没有什么多余的装饰（图2-60）。

a）巴塞罗那德国馆外观

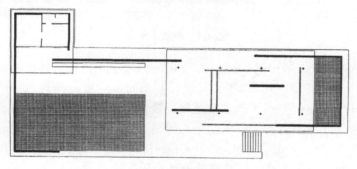

b）巴塞罗那德国馆平面图

c）巴塞罗那德国馆内景

d）巴塞罗那德国馆内部与外部的过渡空间

图2-60 巴塞罗那世界博览会德国馆

勒·柯布西耶原名为爱德华·让奈亥（Charles Edouard Jeaneret，1887~1965年），在他的第一本论文集《走向新建筑》中提出了自己的机械美学观点和理论体系，主张在设计上要否定传统的装饰，认为房屋是"居住的机器"。他在1929~1931年期间设计了著名的萨伏伊别墅。建筑坐落于巴黎郊外，整个别墅是白色的，底层架空，通过旋转楼梯与坡道联系上下层空间，大面积开窗，屋顶有屋顶花园。室内采用了自由的大空间，没有墙的完全闭合分隔，从室内可以眺望外面的自然风光。这座建筑与包豪斯校舍、西班牙巴塞罗那博览会德国馆一样，具有惊人的超前性（图2-61）。

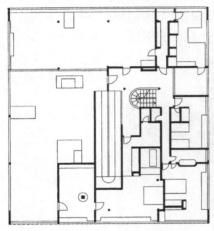

a）萨伏伊别墅二层平面　　　　b）萨伏伊别墅建筑外观　　　c）萨伏伊别墅厨房

d）萨伏伊别墅一层旋转楼梯　　e）萨伏伊别墅二层起居室

图2-61　萨伏伊别墅

弗兰克·赖特（Frank Lloyd Wright，1867~1959年），1887年进入爱德勒与沙利文建筑设计事务所，在那里工作了6年。其设计对当时及后世的建筑风格产生了持久的影响。漫长的设计生涯使他经历了新艺术运动、装饰主义运动以及现代主义设计运动三个历史时期。赖特的作品具有非常突出的个人风格，这些风格来自于他对于设计的不断探索，并且他还提出了"有机建筑理论"（Organic Architecture），在他的理论中强调设计与自然形式之间的内在关联，以及建筑设计与周围环境的协调性。

赖特设计的"流水别墅"，被视为美国20世纪30年代现代主义建筑的杰作。它位于美国宾夕法尼亚州西部匹兹堡东郊一个叫"熊跑溪"的地方，在溪流边建成。建筑分为三层，屋内面积380m²。底层可以与溪流接触，建筑层层迭出，有宽大的挑台升出于溪流之上。室内的地面除了厨房与卫生间是平整的以外，其他房间地面都采用凹凸不平的天然石块、石板来模拟自然的肌理。起居室空间开敞，窗户连续排列，没有间隔，像宽银幕电影一样将外部自然景观尽收眼底，这样的居室空间高度重视自然环境与建筑内外的结合（图2-62）。

阿尔瓦·阿尔托（Alvar Aalto，1898~1976年），是芬兰也是现代设计史上举足轻重的设计大师。在他的设计中强调有机的设计形态与功能主义相结合，擅长采用当地的自然材料、加工技术来设计建筑、室内及家具。阿尔托对木材的使用有独到之处，他的设计具有强烈的人情味和民主色彩。他在1938~1939年间设计了古里什森夫妇的别墅—玛丽亚别墅，在室内设计中，使用有机的形态，用大量的木材作为装饰与装修材料，天花用木条拼接，具有良好的吸声效果（图2-63a~g）。1939年他设计了纽约世界博览会芬兰馆，展区使用竖向紧密排列的木条组成的多层墙面，整体结构呈波浪形，具有强烈的动感，结构、材料本身就形成了装饰的效果（图2-63h）。

a）流水别墅外观

b）流水别墅起居室内景

c）流水别墅起居室壁炉

d）通往客人住宅的楼梯与遮阳板

e）餐厅

f）二层卧室书房

图2-62 流水别墅

a）玛丽亚别墅外观

b）玛丽亚别墅外观

c）玛丽亚别墅内景

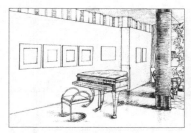

d）玛丽亚别墅餐厅内景

e）玛丽亚别墅起居室内景

图2-63 阿尔托作品

f）玛丽亚别墅起居室楼梯　　　　g）玛丽亚别墅起居室楼梯细部　　　　h）纽约世界博览会芬兰馆

图2-63　阿尔托作品（续）

2.4.5　战后现代主义设计的发展及"国际主义"风格运动的产生

　　第二次世界大战结束之后，各交战国都面临着战后的城市重建、经济复苏的问题。从1945年到20世纪50年代末，基本上是一个重建的时期，主要解决的是城市住房问题。房屋造价的控制非常重要，建造周期尽可能短，要有基本的居住功能，现代主义设计的思想刚好满足这种需求。这个时期出现了大量的现代主义住宅建筑，而设计先驱们也在继续地深化、发展现代主义设计。

　　20世纪40年代末，柯布西耶在法国获得了一个大型的住宅公寓设计项目，这就是著名的马赛"联合住宅"（1947~1952年）。这个公寓可供1800人居住，有337个居住单位。每一个居住单位都有两层的空间，每个单位都横跨整个建筑进深，每两层交错在一起，共用一条室内通道，给居住单位提供了入口。建筑有18层高，表面没有装饰，全部为混凝土材质。底层架空，建筑顶部有游泳池、跑道、操场和幼儿园。住宅单位内部，有独立的厨卫系统和通风系统。为了避免楼层之间的干扰，地面使用了架空的地板，有很好的隔声效果。大楼配有服务楼层，包含商店、医院等设施（图2-64）。

a）联合住宅外观

b）联合住宅起居室内景

c）联合住宅起居室内景

d）从卧室往起居室看

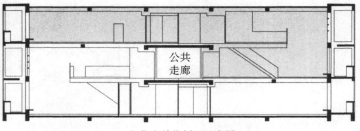

e）住宅单位剖面示意图

图2-64　马赛"联合住宅"

阿尔托设计的芬兰萨依诺萨罗市政中心（1949~1952年）是其战后设计的一个重要作品（图2-65），这个建筑造型上是非常简单的几何形式。阿尔托特别注重本土化的设计，芬兰地处北欧，寒冬漫长，日照时间短。阿尔托在设计中使用了大量的木材、红砖，这些都是斯堪的纳维亚传统的建筑材料。萨依诺萨罗市政中心的内部装饰基本上依靠红砖和木材来体现。红砖除了在墙体上大量出现以外，也作为一种地面铺装来使用，并且红砖的铺装形式有不同的变化，在高度统一下去求变化。一些木材被别具匠心地设计成结构构件，如议会大厅顶部由一个向上呈扇形展开的木桁架和木条组成，产生一种与众不同的形式感（图2-65b）。阿尔托一直很注意采光的设计，对光影的控制在他的设计中也屡屡被强调出来。他的设计既有现代主义的形式，又有传统的斯堪的纳维亚文化特色。

a）建筑外观

b）议会顶部结构

c）室内通廊

图2-65　萨依诺萨罗市政中心

包豪斯关闭后，很多教员、学生来到了美国，将欧洲的现代设计教育体系移植、贯彻到美国的大学教育中去，培养了很多出色的设计人员。他们的设计风格一度成为这个国家的主流，形成了新的现代主义——"国际主义"风格。这种风格在战后依靠美国强大的国际影响力，传播到世界上很多国家。"国际主义"风格与欧洲早期的现代主义设计运动有很多相似之处，两者都是一脉相传，形式上非常接近。而设计的指导思想却截然不同：早期的现代主义设计是有强烈的社会主义、民主平等的色彩，而"国际主义"设计风格将原来的社会性、大众性抛弃了，强调形式感，设计上代表了独断的、资本主义的和权威的象征。

密斯于1954~1958年间设计的西格拉姆大厦被称为国际主义设计风格的里程碑。这个建筑是密斯"少就是多"（Less is more）设计理念的完整体现。大厦有39层高，外部钢结构镀上了黑色的青铜，造价高昂。室内没有多余装饰，但材料搭配及施工工艺的精确程度都具有相当水准，这在密斯于1929年设计的巴塞罗那德国馆中就有所体现（图2-66）。

密斯在1946~1952年间设计的范斯沃斯住宅，被视为国际主义风格在住宅设计上的体现。在这个设计中空间几乎全是敞开的，底层架空，四面通透，简单到无以复加（图2-67）。

纽约的古根海姆美术馆是赖特在二战后的重要作品之一，从1952年开始设计，1959年开幕。整个建筑具有螺旋上升的动势。观众可以先乘电梯到达美术馆的顶部，美术馆的陈列品就沿着坡道的墙壁悬挂着，然后从上到下沿着坡道看完所有的作品。浏览空间是以一条三向度的螺旋形的结构，而不是圆形平面的结构，使人们真正体验空间中的运动。人们沿着坡道走动时，周围的空间是连续的、渐变的，而不是片断的、折叠的。螺旋的坡道围合成一个高敞的大厅，从玻璃圆顶采光，顶部是一个花瓣形的玻璃顶。解决了以往博物馆、美术馆不得不按功能需求分隔空间的做法。在形式上打破了国际主义设计方形盒子的呆板模式（图2-68）。

a）西格拉姆大厦外观　　　　b）西格拉姆大厦办公空间　　　　c）西格拉姆大厦办公空间

图2-66　西格拉姆大厦

a）范斯沃斯住宅外观　　　　　　　b）范斯沃斯住宅内景

图2-67　范斯沃斯住宅

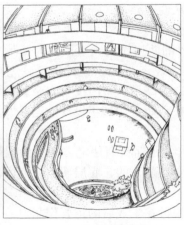

b）展厅内部　　　　c）中厅俯视图　　　　d）中厅一层视角

图2-68　纽约古根海姆美术馆

a）建筑外观

2.4.6　现代主义之后的设计运动

二战之后，国际主义设计风格在整个西方世界遍地开花，20世纪50、60年代，国际主义风格成为一种垄断性的风格，强调一致性、缺乏人情味、没有装饰。到了20世纪60年代一些设计家采取历史的、折衷的、装饰性的方式来改变这种状况，"后现代主义设计"因此产生，并从此蓬勃发展，国际主义衰落。到了20世纪90年代，后现代成为主流。从设计历史发展的角度来看，20世纪60年代末和70年代设计中出现的后现代主义是针对现代主义和国际主义单调垄断的大规模调整。20世纪70年代至今，是现代主义之后的时期，现代主义之后的各种设计流派，除了后现代主义之外，比较突出的还有解构主义设计、高技派设计和新现代主义等。

1. 后现代主义设计

罗伯特·文丘里（Robert Venturi，1925~2018）是在建筑设计上最早提出后现代主义设计理念的设计家。他针对"少就是多"提出了"少则厌烦"（Less is bore），他使用历史因素和通俗文化来丰富设计的装饰性。

文丘里1969年设计的"母亲住宅"是他为母亲设计的私人住宅，整个建筑为坡屋顶，从主立面上看是对称的构图。但为了内部功能上的考虑，在细节上并不对称，窗户的大小不一样。建筑的规模不大，但功能齐全。一层为起居室、餐厅、厨房以及母亲的卧室、文丘里的卧室，二层是文丘里的工作室。一些古典的设计元素运用到了设计当中，如破山花、玄月窗。楼梯与壁炉结合在一起，为了给烟囱预留出空间，楼梯设计的宽度不一样宽。整个住宅给人的印象是既封闭又开放，既大又小，充满着复杂性与矛盾性，是具有完整后现代主义设计特征的最早建筑（图2-69）。

著名的后现代主义设计家还有菲利普·约翰逊（Phillip Johnson，1906~2005年）、詹姆斯·斯特林（James Stirling，1926~1992年）及迈克尔·格雷夫斯（Michael Graves，1934~2015年）等。

a）建筑外观　　　　　　　　c）二层平面图　　　　　　　d）起居室内景

b）一层平面图

图2-69　文丘里"母亲住宅"

2. 解构主义

解构主义设计实际上是对现代主义和国际主义设计标准和原则的否定和批判，它的设计特征可以总结为："无绝对权威、个人的、非中心的；恒变的、没有固定形态、流动的、自然表现的；没有正确与否的二元对抗标准、随心所欲；多元的、非统一化的、破碎的、凌乱的。[⊖]"

弗兰克·盖里（Frank Owen Gehry，1929~）是最早设计解构主义建筑的著名设计家之一。盖里1994年设计的加州的自宅是在原有的旧建筑的基础上扩建、改建的。主要使用瓦楞钢板、钢丝网、木夹板等廉价的建筑材料来建造。结构材料直接暴露出来，不加修饰，像是还没有完工的样子。厨房、餐厅是后来扩建的，地面是废弃的沥青路面。为了获得良好的采光，他还设计了大面积的天窗，天窗是用木条和玻璃制成的（图2-70）。

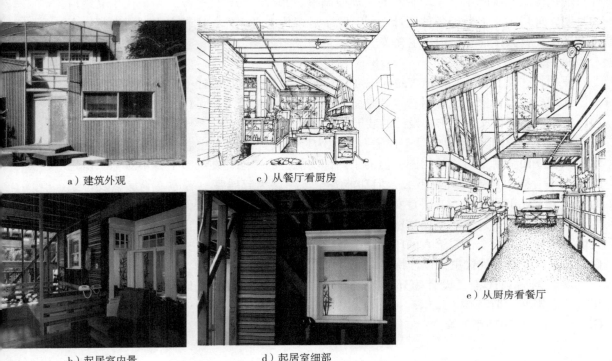

a）建筑外观　　c）从餐厅看厨房

e）从厨房看餐厅

b）起居室内景　　d）起居室细部

图2-70　盖里自宅

当今的著名解构主义设计家还有彼得·艾森曼（Peter Eisenman，1932~）、丹尼尔·里伯斯金德（Daniel Libeskind，1946~）及扎哈·哈迪德（Zaha Hadid，1950~2016年）等。

3. 高技派

"高技派"从字面上理解，是指在设计上强调当代的技术特色，将功能、结构和形式等同起来，强调工业技术特色，突出技术细节。英国的查理德·罗杰斯（Richard George Rogers，1933~）和意大利的伦佐·皮亚诺（Renzo Piano，1937~）设计的法国巴黎"蓬皮杜"文化中心，就是这个流派的重要作品。蓬皮杜中心长166m，宽60m，高6层，总面积98300m²。里面包括现代艺术博物馆、图书馆和工业美术设计中心。大楼采用钢结构，结构都暴露在外面。中心内部也是各种结构、设备管道直接暴露，隔墙很少，而且大多数都是可以活动的。两位设计师将这个中心设计成一个动态的机器，安装

⊖ 王受之. 世界现代建筑史[M]. 北京：中国建筑工业出版社，1999：382.

了先进的建筑设备，采用预制件来建造，目的是要打破文化和体制上的传统限制，最大限度地吸引大众来这里活动（图2-71）。

a）建筑外观　　　　　　　b）自动扶梯内景　　　　　　c）一层大厅内景

图2-71　"蓬皮杜"文化中心

4.新现代主义设计

现代主义设计在20世纪60年代受到后现代主义挑战，但是一些设计家仍然坚持用现代主义设计的传统、基本语汇来进行设计，根据时代的需求对现代主义重新研究和发展，给现代主义加入了新的形式的象征意义，经历了20世纪70~90年代后现代主义设计产生、发展、衰退的这一过程，坚持着自己的设计立场，发展成对现代主义进行纯粹化和净化的新现代主义，这一设计流派在21世纪初成为当代设计的一个主流方向，特征依然是功能主义、减少主义和理性主义。其代表人物有贝聿铭（Ieoh Ming Pei，1917~ ）、保罗·鲁道夫（Paul Rudolph，1918~1997年）及西萨·佩里（Cesar Pelli，1926~2019）等，还有著名的"纽约五人组"。

贝聿铭设计的美国华盛顿国家美术馆东馆是新现代主义设计的杰出作品。东馆是针对原先已经有的老馆而建，老馆是20世纪30年代设计的折衷主义的建筑。新馆的设计与老馆截然不同，它是由棱柱体和三角形体块组合在一起。虽然造型简单，但绝不枯燥无味，反而富有生机与灵动感。贝聿铭在空间设计上运用了多点透视，不同于古典建筑空间的一点透视，这种做法处理得非常精到。材质的选择也非常讲究，为了和老馆产生历史的联系，新馆采用同一个石矿出产的石材，并且还聘请当年负责开采石材的专家，保证材质相同。两馆的高度也基本相同（图2-72）。

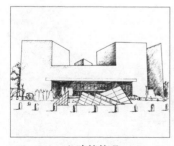
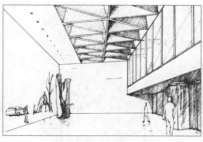
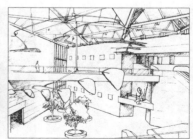

a）建筑外观　　　　　　　b）主入口内景　　　　　　c）中央大厅内景

图2-72　华盛顿国家美术馆东馆

第3章
室内空间的基本知识

3.1　室内空间的构成元素

建筑物聚合形成多种形式的室内空间，其中，人们能够触摸和感知到的室内环境实体，就是我们通常意义中所说的室内空间的构成元素。这些实体元素包括地面、顶棚、四周的墙面、柱子、门窗及楼梯等建筑构件。我们在进行室内设计时必须根据功能和形式的原则以及原有建筑空间的结构构造方式对它们进行具体设计。

3.2　室内空间的基本形态

室内空间中所谓"形态"的说法实际上是从对空间使用上所做的造型而划定的。不同的使用功能对空间环境和造型的要求各不相同，如电影院和百货商场由于功能不同其空间的形状也不同。由此可见，室内空间的基本形态是根据功能要求的不同而变化的。

一般而言，我们从造型的角度划分室内空间基本形态时把空间形态分为两大类，一类是规则的空间形态，一类是不规则的空间形态。规则的空间形态所展现的交通道路流线及家具布局等都是依据其室内空间的基本形而确定的，这一类型的室内空间往往是方形、圆形或三角形等基本几何形态（图3-1、图3-2）。而在这些基本几何形态之外的空间形态，我们通常将其归属于异形空间，称之为不规则的空间形态（图3-3）。

图3-1　广州万菱汇商场中庭所呈现的圆形空间形态

图3-2　广州海航威斯汀酒店电梯厅所呈现的三角形空间形态

图3-3　广州大剧院所呈现的不规则空间形态

3.3 室内空间的限定方式

室内空间的形成是通过对空间的限定来实现的。室内空间的限定方式可以归纳为界面造型的变化、肌理的变化、色彩的变化及照明的变化这四种方式。

3.3.1 界面造型的变化

在一个具备地面、顶棚和墙面三要素的室内空间里，根据设计中的建筑使用功能需求，在以功能为先导的前提下体现设计风格和主题时，一定会运用到多种空间界面的限定方式，这些空间界面的限定以各种造型手段表现出来。一般而言，室内空间界面造型主要是通过一些垂直要素和水平要素来进行限定和调节。具体而言又可归纳为设立与围合、凸起与下沉、覆盖与悬架这三种方式。

1. 设立与围合

从某种程度上来说，为了满足不同的使用功能需求，室内空间的造型，在界面限定上往往是以设立墙面的处理方式来进行的。通常意义上空间的设立和围合是相对的，当一个大空间被分隔成若干个小空间时，就小空间而言，它就是围合；而每个小空间相对于大空间或周边的小空间而言，它就是设立。此外，空间的设立与围合从造型手段及元素而言也是多样的，当空间的立面造型是相对闭合的状态时，该室内空间相对其他空间而言呈现一种围合状态，反之则体现设立状态。

墙面作为室内空间中的垂直要素，在室内空间中是非常重要的限定方式。垂直要素一般以垂直线和垂直面这两种基本形式出现在室内空间中。垂直线要素主要用于限定在有视觉和空间连续性的室内环境中，如室内空间中有序出现的柱列（图3-4）。垂直面要素可以是相对独立出现，也可以是以与其他造型要素结合起来的形式出现（图3-5、图3-6）。作为室内空间的墙面处理方式所呈现的不同模式，设计师应该注重并把握好墙体界面的设计语言。

图3-4 广州西汉南越王博物馆中以有序的柱列与筒拱形的玻璃采光天窗结合形成楼梯间中庭　　图3-5 北京长城公社会所中呈现出的墙面材料的虚实变化　　图3-6 中央美术学院美术馆立面造型的虚实与光呈现出的空间氛围

（1）运用材料的虚实关系形成界面分隔空间

我们可以分别把室内墙面材料的通透性和密闭性看作是该空间在视觉上的虚透与密实两种界面类型。例如在以玻璃、幕墙及线帘等材料作为界面空间分隔的手段时，这样的室内空间界面隔断就具有视觉上的通透性（图3-7）。这一类的空间界面分隔材料，可以起到区别不同使用功能空间的作用。被该材料分隔开来的两个空间，在使用上既能起到空间之间的抗干扰性，又能达到视觉上的贯通性。这样的界面处理手段，我们通常可以理解成是空间的设立状态。而运用砖体、钢筋混凝土现场浇筑等形式做出的立面分隔，则在室内空间的界面上不再具有视觉的流通性，这样的空间界面处理手段我们通常认为是空间的围合状态（图3-8）。在这样的形式下，可以是一个大的室内空间里面涵盖多个小空间，即每个小空间相对原来的这个大空间而言是一种包含关系，那么这些空间可以是"母空间"与多个"子空间"的室内空间关系（图3-9）。

图3-7　广州海航威斯汀酒店知味西餐厅中的透明装饰柱分隔　　图3-8　广州海航威斯汀酒店大宴会厅　　图3-9　北京国家大剧院的母子空间

（2）运用阵列的形式形成界面分隔空间

空间中出现的各种同类型元素按照一定的规律排列布局，这样的同类型元素在室内空间中就形成了垂直面上的视觉限定元素，这样的阵列就形成了空间分隔的关系。这样的空间可以做到限定空间功能，形成同一室内空间中不同使用功能的设立（图3-10~图3-12）。

图3-10　北京国家大剧院入口钢结构柱列形成人流导向性

图3-11　北京新天地HIERSUN专卖店大理石柱列　图3-12　北京新天地I.T专卖店烤漆造型柱列对视
　　　　划分展示与销售空间　　　　　　　　　　　　　觉引导起到强调作用

（3）墙面造型的曲直形式形成界面分隔空间

墙面作为室内空间重要的构成元素和营造室内风格的重要手段，不仅是室内空间划分的重要组成部分，同时也是联系地面和顶界面的重要过渡元素。此外，从组成室内空间的六个界面来看，与使用者视线平行的空间界面就是前、后、左、右这四个墙体侧界面，因此，墙面的造型在室内设计中显得尤为重要。

就空间构成的元素和审美心理感受而言，水平移动的直线产生直线形的墙体界面，这一类型的墙体界面在室内空间里起到了简洁、明快的视觉效果，同时其交通道路流线也是清晰便捷的。曲线水平移动产生的规则性曲面墙体界面，这一类型的墙体界面使得整个室内空间显得空灵流动自由，在丰富视觉效果的同时也让使用者心理愉悦。弧线按照一定运动轨迹移动产生的弧形墙面在室内空间里能起到一定的导向作用，试图让进入空间的人按照空间的运动轨迹方向行进。随着科技的不断进步和发展，墙面的造型形式和材料的多样化（图3-13~图3-18），这类型空间限定和设立的元素也在不断丰富和发展。

图3-13　广州歌剧院立面空间垂直与　　图3-14　中国闽台缘博物馆立面垂直　　图3-15　香港金钟广场
　　　　转折　　　　　　　　　　　　　　　　　造型运用当地材料　　　　　　　　　立面弧形连廊引导运动

图3-16 广州白天鹅宾馆围绕故 图3-17 中央美术学院建筑系系 图3-18 北京电影博物馆二层休
乡水主题共享空间 馆共享空间 息区立面转折造型

2. 凸起与下沉

凸起和下沉是通过改变地面的高差变化来限定室内空间的使用功能及使用者的心理感受。因此，凸起和下沉的空间界面限定手法一般情况下是运用在室内空间界面中的底界面。

室内空间的底界面除了承载一般的家具及设备以外，人们的一切活动都在其载体上进行。因此，在室内空间中往往通过上升空间和下降空间达到视觉和使用功能上的转变。在地面界面上，通过对某一区域的局部抬高，所形成的高差变化，把地面分成了几个部分，达到抬升空间的目的，形成凸起空间（图3-19~图3-21），而下沉空间则相反（图3-22~图3-24），这两种类型一般互为相对而存在于室内空间中。

图3-19 北京新天地NIKE专卖店 图3-20 北京长城脚下的公社会 图3-21 广州建国酒店大堂
所大堂 咖啡吧

图3-22 北京长城脚下的公社森 图3-23 北京长城脚下的公社 图3-24 首都博物馆
林小屋 竹屋

3. 覆盖与悬架

在室内空间的六个界面中，顶界面是唯一除视觉外其他感官不能触及的界面范围。顶棚界面的处理决定了室内空间的层高，其高低、大小、形状的不同会限定出一个不同的空间体面。

室内空间的高度限定手法不同，形成的视觉效果和审美感受也是不一样的。在自然环境中加入张拉膜结构的覆盖造型或是加入防腐木花架的悬架结构都可以达到挡风遮雨的效果，但也让内外空间发生变化，产生不同感受，那么同样的覆盖或悬架的造型要素手法在室内空间的运用会形成不同的空间环境效果。如酒店内庭的波特曼共享空间中，运用装饰性垂吊物、遮阳伞等对顶部空间进行限定，营造不同的室内环境效果（图3-25~图3-27）。

图3-25　广州中国大酒店大堂的顶棚覆盖造型　　　图3-26　广东省博物馆自然展厅　　　图3-27　上海龙之梦购物中心中庭的悬架结构

3.3.2　肌理的变化

肌理是物体表面的纹理，以肌理的来源可划分为自然肌理和人为肌理，以人体的感受可划分为视觉肌理和触觉肌理。

在室内空间中，我们可以通过对材料肌理多层感受的合理运用达到良好的视觉效果。不同的材料有不同的质感，让人产生不同的心理感受：如大理石这类型的自然材料所呈现出来的自然纹理和质感，能让我们通过视觉和触觉感受其华贵、高雅的意境；布纹肌理表达了亲切柔和的意境；而肌理漆或是墙面地面材料人工肌理的运用，则让入室者感知到自然或质朴；动物皮毛等材料经过特殊处理后运用则会体现一定程度的奢华或富贵等感受；自然界的植物材料未经加工的运用，能体现其原有色彩或纹路，增加空间的自然质朴之美，诸如此类。在空间界面装饰材料的选择和处理上，肌理往往是指触觉和视觉综合性的肌理，既能观察得到，又可触摸得到。

因此，我们在进行室内空间设计时，使用材料的同时一定会涉及材料本身的肌理或质感。而在设计中考虑怎样多角度去诠释空间的同时，也必须对所使用的材料做一个综合的权衡。优秀的室内设计师,在合理进行室内空间功能设计的同时,也一定是一个出色的材料师,能全面地掌握所需使用材料的物理属性和施工技艺,同时更完美地把握材料对使用者的心理影响,选择最佳的装饰材料(图3-28~图3-30)。

图3-28 北京长城脚下的公社中餐厅包间墙面以稻草秆按构成方式形成主题墙　　图3-29 广州中泰国际广场入口大厅以大理石、不锈钢及玻璃形成的空间感受　　图3-30 北京长城脚下的公社孔雀屋内墙面以孔雀羽毛与木质护墙板形成质感对比

1. 肌理与光感

在室内空间环境中,肌理与光感相辅相成,互相衬托。不同的肌理,在自然光线或人工光源的作用下,体现和反衬材料的质感和光泽度。例如平滑细腻的材料,放射光的能力强,这一类型的材料如玻璃、大理石、镜面不锈钢等,会给人或轻快或冰冷的感受。粗糙的材料,反射点多,这一类型的材料如麻石、牡蛎灰墙等,会给人或生动或悠远的感受(图3-31~图3-33)。

图3-31 广州海航威斯汀酒店红棉中餐厅入口　　图3-32 广州建国酒店大堂公用电话区　　图3-33 广州中信广场电梯厅

2. 肌理与造型

在空间界面处理中,肌理一定是附着在界面造型上的。同样的造型所采用的材料不

同，带来的肌理感受是完全不同的。如在室内空间用玻璃材质感觉通透的同时有较高的光泽感，具有科技感。我们不难发现，材料质感上的变化，能加大或减少视觉上的冲击力，从而突出物体，吸引人们的视觉关注，形成空间界面的重点（图3-34~图3-37）。

因此，在室内空间的界面处理中，肌理无处不在，它是室内空间界面上装饰材料本身所固有的材料物理属性。只有把握好材料的肌理特征，在界面造型中选择和运用合适的材料，才能营造出良好的空间氛围。

图3-34　迪拜阿玛尼酒店　　　图3-35　迪拜古堡酒店

3.3.3　色彩的变化

色彩是物体本身所具有的物理属性。从色彩构成的角度而言，任何物体的色彩都体现着色彩的色相、明度和纯度这三种属性（也称为色彩的三要素）。色相是色彩本身所呈现出来的基本

图3-36　北京新天地　　　图3-37　上海琉璃工坊

相貌特征，如白色的墙面，红色的椅子。在这里，白色和红色分别就是墙面和椅子所展现给人们的色彩相貌特征。明度是指色彩的明暗程度。在色相环上越靠近白色的色彩其明度越高，而越靠近黑色的色彩其明度越低。纯度是指色彩的鲜浊程度或色彩的纯净饱和程度，它往往取决于所含色彩的波长是单一性还是复合性。

在室内空间的界面处理中，除了造型本身之外就是该造型所使用的材料本身带有的肌理和色彩了。在大量的设计过程以及人们切身体验环境的过程中，我们不难发现，色彩除了能对人在视觉上产生效果，同时也能在心理感受方面对人产生作用（图3-38~图3-40）。

图3-38　北京中国电影博物馆儿童动画馆　　　图3-39　福州粤界茶餐厅　　　图3-40　福州食鼎记中餐厅

1. 色彩的物理效能

我们通常认为红、橙、黄等色彩能带给人温暖的感觉，而蓝、绿、紫等色彩让人觉得相对冷酷或凉爽。因此，在色彩学和心理学的范畴里，一致认定也能感知到色彩具有温度感。故在室内空间设计中，设计师会根据建筑的使用功能和用途选择或确立合适的色彩。如在儿童使用的室内空间里，人们会更加依据该空间的使用功能而确立不同的色彩体系。从下面图中的上海wise kids专卖店和北京长城公社里的蒲蒲兰绘本馆两个实例中，我们看到即使都是为儿童提供各种服务的空间，但作为主要销售进口玩具的空间，色彩对比鲜明，能烘托和提升空间的热烈氛围，而销售进口儿童绘本书籍的空间使用的是冷色调，能看到大量白色或蓝色的运用，这样的色彩能带给人们安宁和静谧的心理感受（图3-41~图3-43）。

图3-41　上海wise kids专卖店　　图3-42　上海wise kids专卖店外观　　图3-43　北京蒲蒲兰绘本馆
　　　　室内

2. 色彩的视觉效应

在室内空间中，色彩能让室内各个界面环境产生前进、后退、上凹、下沉等不同的感受。也能让同样面积或大小的室内空间产生不同的空间尺度感。那么这些感受都是色彩对人的视觉刺激，造成距离感和尺度感上的变化。因此色彩在室内空间上又具有视觉效应。一般而言，暖色系、高明度的色彩具有前进、上凹的效果，空间尺度感也会更大；而冷色系、低明度的色彩则具有让空间后退、下沉的效果，空间也会随之感觉内聚，尺度变小（图3-44~图3-46）。

3. 色彩的心理效应

人们看到太阳会将色彩指向红色，联系到热情；说到春天会想到树上的绿芽，联系到生命。人们对色彩的这种由经验上升到主观意识的联想，再到意识的判定和设计中的指引性，都认为是色彩的情感属性。而情感属性是作用在使用者的心理感受上的。色彩除了基于经验判定后的情感属性外还因为明度或纯度的变化能带给人们重量感，而这种重量感是对使用该空间的人有不同的心理暗示作用的。明度高如白色，暗如黑色，分别会让人感觉轻快或沉重。色彩单纯或色彩浑浊，分别会让人们感受到明快简洁或空间含糊使用功能交代不清晰（图3-47、图3-48）。

图3-44　上海旗袍专卖店色彩

图3-45　北京旗袍专卖店色彩

图3-46　上海世博会
主题馆之城市足迹馆

a）

b）

图3-47　中国电影博物馆彩色玻璃幕墙体现光的三原色

图3-48　北京新天地
swatch专柜对比色运用

因为色彩具有以上三个方面的效应，因此，在进行室内色彩设计时，首先要充分调研并反复论证该室内空间的使用目的。根据其使用要求、与该空间匹配的室内氛围选择主体色彩，也就是该空间环境中大量出现的主要色调。第二，充分利用色彩的视觉效应，协调室内空间各界面之间的关系。

3.3.4　照明的变化

在有光源的情况下，室内空间环境中的一切才是可见的。在室内空间设计中，光源按来源分主要是自然采光和人工照明两种类型。良好的采光环境和照明设计是室内设计中的一个重要环节。因为光能够影响到人们对空间环境中物体的大小、形状、质地及色彩的感知，它不仅能够形成空间，而且可以改善、调节甚至破坏空间。

1. 照明光源的类型

自然采光是指在室内空间中主要通过建筑物的开窗将室外的天空光和太阳光、月亮光和星光等自然环境中的光源引入室内（图3-49~图3-51）。同时，室内自然采光还受到室外周边环境和室内界面装饰处理的影响，如靠近玻璃幕墙装饰的建筑物其室内因周边高反光材料的墙面能把反射光折入室内。因此，自然光源从来源可以分成：直接天光，如在美术画室顶部的天窗就是直接将太阳光引入室内，透射到室内环境中；室内反射光，这类光线主要是光源进入室内后通过室内的顶棚界面、墙体界面、地界面之间相互反射；外部反射光，这类主要是该空间环境外部的光源通过室外环境中的地面或室外相邻界面间的相互反射将外部光源折射入室内空间中。

图3-49　广州圣心大教堂中厅两　　图3-50　广州圣心大教堂圣坛内　　图3-51　中央美术学院建筑系系
　　　　侧的彩色玻璃花窗　　　　　　　　　　的彩色玻璃花窗　　　　　　　　　馆大面积落地玻璃幕墙

　　人工照明是指通过白炽灯、荧光灯、卤素灯等灯具将室内空间环境照亮。这种类型的照明，由于灯具的光色和色温的影响，光源能够反射室内装饰材料并对人的心理产生不同的感受，因此，我们在室内空间界面中谈照明设计时，主要就是探讨人工照明在室内设计中的合理运用。

2. 人工照明的设计及审美要求

　　在现代室内空间设计中，运用不同的照明手段和照明方式营造空间环境的整体感受是一种很重要的空间设计手段。因此，从人工照明中光源的形式和角度出发，一般把人工照明分为三种类型（图3-52~图3-54）。第一类是一般性整体照明，是指空间里基本的、均匀的、全面性的照明，起到室内空间界面中的整体照明效果，是室内空间的主要光源。其表现形式一般为顶棚吊顶照明。照明方式有直接照明和泛光源照明。第二类是局部照明，是指配合室内空间的造型做局部或配合特定区域做的照明方式。这类照明一般使用方向性明确的灯具，利用光色进行重点投射，以强调某一对象或某一范围内的照明方式。第三类是重点照明，这种类型主要是为了加强室内空间中，某类需要特别提示和强调的物体，而进行的一种照明方式。这种照明方式一般采用点光源照明。

图3-52　广东三雄极光所生产的　　图3-53　广东三雄极光的局部照　　图3-54　北京798某店点光源下
　　　　各类型灯具　　　　　　　　　　　明设计　　　　　　　　　　　　　的陈设

3. 室内人工光源灯具及照明

在人们的工作学习购物娱乐等各项活动中，都离不开人工照明环境；无论是在公共场所还是家庭生活，光的作用也会影响到每个人，室内照明就是利用人工照明去创造所需要的光环境，通过照明布局达到一定的艺术需求和审美效果（图3-55~图3-57）。

图3-55　北京老舍茶馆　　　　图3-56　中国电影博物馆　　　　图3-57　北京新天地某卖场

首先，人工照明能配合室内的功能要求营造整体的空间氛围。光的亮度、彩度和显色性是决定室内气氛的主要因素。如住宅空间中，一般会客功能区域采用亮度较高，显色性较强的泛光源进行照明，而卧室为了满足休息和私密性的需求一般采用亮度较低的暖色光源来增加温馨度。在餐饮空间中，常常采用加重的暖色如橙色、黄色等增加空间的活跃感来促进人们的食欲。

其次，人工照明能合理地利用灯具的类型和光源的布局方式来加强空间感和立体感。通常，室内空间的开敞性和灯光的亮度成正比，灯光照度高的房间空间感大，灯光照度低的房间空间感小。同时，在整体光源感受相同的室内空间里，设计师还可以利用光来加强希望引起注意的地方，做到局部提示或局部隐喻的作用。在商业空间中，一般商场都会在采用泛光源从顶棚界面对室内空间做整体照明设计的同时，又在商品陈列的货架上方或柜体内部再进行局部照明，加强视觉趣味中心设计。

再次，灯具所产生的光影在一定程度上能丰富室内空间。光和影是相互依托的，从自然光源到人工照明中的针点状的点光源，再到大面积的泛光源，都能对室内各界面中的物体在周边环境中产生一定的投影。而这种光与影的艺术魅力是无法用其他设计手段来实现的，也是无法用语言来表达的。

最后，灯具本身的造型和布局方式也能对室内空间界面起到一定的装饰功能。光线可以无形也可以通过界面作用达到一定形态，灯具可以有形也可以隐藏。因此，在灯具的选型和布局方式上要配合整个室内空间的设计要求和使用功能，从而达到除满足基本照明的使用功能外还能完善和修饰室内空间氛围的目的。

3.4　室内空间的组织方式

室内空间设计是设计师的创造力构思活动的体现。一个好的方案总是根据地域环境，结合建筑功能要求进行整体功能布局和造型设计。从单个空间的设计到空间与空间之间的群体序列组织，使室内空间组织达到技术与艺术的结合。

3.4.1　室内空间的基本类型

室内空间的组成从界面组成和围合的状态而言，可以分为下面五类最基本的类型。

第一类是只有地界面和顶棚界面，其他四面垂直界面空缺的状态，这种四面皆空的空间组织状态能对场所内的人员形成一种心理上俯冲和升扬的情感体验。如室内空间环境中的岛状界面设置，在只有地界面和顶棚界面的情况下，在岛状环境中的人所接受到的空间环境传递的信息。

第二类是在地界面和顶棚界面外还存在一面墙体界面的状态，这种一实三空的空间组织状态能形成视觉上的俯冲感，达到心理上的扩展、撞击和飞扬的感受。

第三类是在地界面和顶棚界面之外还存在两面墙体界面，而这两处垂直界面会呈现平行或夹角两种组合形式，这种二实二虚的空间组合形式会产生不同的心理感受。以夹角出现的墙体界面形式，会在视觉上形成俯冲和撞击感，达到心理感受上的转向引导作用。而两侧墙体界面以平行形式出现，会对空间环境中的人产生夹持感。如在绘画作品的展示中，欣赏者通常会在左右两侧陈列画作的夹墙中进行观察和体验。

第四类是在地界面和顶棚界面之外只缺失一处墙体界面的空间界面组织形式，这种三实一空的空间组织形态能形成视觉上的俯冲感，心理上的涡流和折返感。如餐饮空间中的半包厢多数是属于这种类型。

第五类是四个垂直界面都存在的空间形态，这种四面实体的空间组织形式在视觉上形成驻留感，产生被包围的心理感受。

3.4.2　两个单一室内空间的组合

一般而言，室内空间绝不会是上面五类空间组织形式的单一出现。上述空间基本类型的两两组合形式从空间构成的角度来看，以接触面来说，会呈现出空间形态的点接触、线接触、面接触和体块接触。

1. 点接触

室内空间中根据使用功能和审美造型需要而做的空间划分中，界面可以是以两个空间某一点的形式而接触，也可以是两空间以一个功能空间的某点与另一空间的某个界面的边缘线接触形成点线接触，还可以是两空间以一个功能空间的某点与另一空间的某个界面接触形成的点面接触。

2. 线接触

空间界面中两界面各自的界面边缘线形成线与线接触，这类空间可能表现出连廊的形式，或是其中某一界面是交通功能空间起到空间衔接的作用。另外一种表现形式是两个空间的某一空间的界面边缘线与另一界面的体面接触形成线面接触。

3. 面接触

室内空间界面中两空间出现面与面的相邻状态，实现不同功能空间上的面接触，这种空间往往具有涵盖功能，可能出现大小空间的叠套状态。

4. 体接触

两个室内空间在接触面上出现限定功能，空间界面以体块的形式出现接触，这类型的空间接触会呈现一种空间上水平方向的交错或者是垂直方向上的包含，这类空间接触形式在大型公共建筑中常以共享空间的类型展示。以体块接触的形式出现的空间会给人以互锁和包容的感受。

一般在室内空间设计中，仅仅是两个简单的或两个空间界面的接触和组合形式的建筑类型相对较少，我们研究空间组合的重点往往是多个室内空间的组合形式。

3.4.3 多个单一室内空间的组合

按照空间的外形形态，可以把空间造型归纳成规则和不规则两大类。按材料和质感分，可以把空间分为同质空间（可以理解为造型上相同、装饰材料上相同或装饰感受相同），不同质空间和异质空间。

按照多个空间形态的接触方式和排列组合的状态，可以把多个空间的组合形式分成三大类：线性组合、中心组合和网格组合。

1. 线性组合

多个室内空间的组合和连接状态出现线性的状态时，往往体现出设计上的连贯性，在交通流线和使用功能上体现一定的逻辑性。做到空间序列上的衔接承启体现空间序列。

线性组合方式出现的多个空间：在空间布局上有直线串联的形式；动线以折线、曲线的形式呈现各功能空间分布排列的形式；以轴线做的放射状或发射状的排列形式；以鱼刺状或树枝状做的对称排列形式等类型。

线性组合的排列方式就决定了多个室内空间的造型或连接形式：串联形式，如常见到的历史博物馆，以历史朝代为次序排列各个功能空间。在这类型的空间中，从入口的准备空间到下一个或多个视觉和功能上的重点空间再到后面的结束空间，做到空间中使用功能的相互串联。内廊形式，以对称的或轴线的形式做到交通流线居中，其他功能空间左右排列形成多个室内空间的内部连廊形式，如教育或医疗建筑中的在内部廊道的左右两侧依次排列的教室或病房就是此类空间组合的典型实例。以廊道为连接的多个空间组合形式除了内廊形式外还有外廊形式和双廊形式。

线性组合形式的室内空间，各组合空间会给人以重复、渐变、类似、交替以及特异的心理和审美感受。

2. 中心组合

多个室内空间的组合和连接以其中某一个室内空间为中心点或视觉以及使用功能上的重点时，其他室内空间是此空间的附属或补充完善空间时，这样的空间状态呈现一种空间构成状态上的向心式或发射式。比如酒店中的大堂和其他功能用房构成的中心组合，这样的室内空间组合形式会使顾客在步入酒店空间时感受到大堂的视觉中心感。因此，以中心组合形式出现的多个室内空间会给人聚中、发射等心理感受。

3. 网格式组合

多个室内空间以垂直界面为限定因素，利用柱网位置、墙体界面交接方式形成空间格局上的网格状态，这种空间组合方式称为网格式组合。在住宅建筑中，很多满足不同使用功能的房间除了在水平方向上做到网格式的功能房间分别，同时在垂直界面上也能以网格布局做引导形成竖向的功能布局。

3.5 室内设计的空间序列

室内空间是一个三维立体的空间状态，而室内空间又是以人的主观活动和意识为设计需求的三维空间，因此，室内设计一定是一个满足人们三维向度需求上的以时间事件发展次序为主导的时空维度的综合设计。

这样的事件过程就要求设计师在从开始到结束在各个室内空间界面上满足人们的简单或复杂，单一或多样的活动要求。这就是室内设计的空间序列。它可以是简单明了的时空序列，也可以是复杂多样的多个空间序列的叠加或透叠。因此，室内空间设计中，空间的连续性和时间性是空间序列的必要条件。人在空间内活动感受到的精神状态是空间序列考虑的基本因素。空间设计中的次序安排和艺术造型手段能综合完善空间使用功能和空间审美感受。

3.5.1 空间序列的过程

以我们入住酒店为例，先要进入酒店大堂办理入住手续，再通过酒店内部的交通路线进入指定的酒店房间，再在酒店房间的内部各空间完成一系列的洗漱和休息等事项。人们在活动和工作中的各种流程需求就是空间序列设计的客观依据。对于更复杂的活动或是多项项目同时进行则空间序列设计就更为多样和繁复。

一般序列的全过程包括下面几个阶段：起始阶段，这个阶段可以理解为整个空间序列的第一幕，是人们对接下去的空间形成重要印象的开头，在这个阶段中，空间设计和造型的手法要遵循人们的心理需求，让设计具有吸引力。过渡阶段，作为起始阶段后的传承和衔接阶段，同时也是后面的高潮的预示阶段，在室内空间序列中有承前启后的作用，应对人们即将迎接的下一个阶段有引导和预示作用。高潮阶段，是整个室内空间中最重要的阶段，是整个室内空间中功能、造型、材质、灯光、色彩等元素运用最为密集和着重的区域。终结阶段，是室内空间环境从高潮到平静，这个室内空间浏览和使用的结束阶段。

3.5.2 空间序列的设计手法

根据室内空间序列的组成，设计者在进行建筑体室内空间设计时，要根据建筑物的使用功能，按照功能和事物发展的客观规律进行空间序列的组织和设计。我们常说，建筑是凝固的音乐，那么基于建筑体块上的室内空间设计就应该是这首和谐乐章上更加完美和修饰的音符。

良好的序列必须依靠各个局部空间（包括造型、色彩、陈设、照明、材料、肌理等）的综合艺术手段的创造来实现。

首先，空间的导向性。序列作为其自身特征，一定具有流程性，因此，在室内空间中，指导人们行动方向的建筑处理，就被称之为空间的导向性。因此，室内空间的各种符合审美需求的立面装饰性构图和象征方向性的平面形象性构图就成为空间导向性的主要手法。

其次，空间的视觉中心点。从空间的整个动线和活动规律而言，室内空间界面中一定会有吸引人们的界面和视觉焦点。在一定范围内引起人们注意的目的物称之为视觉中心。视觉中心可以是以具有强烈装饰趣味的物体标志，也可以是利用建筑结构构件本身特征引导，更可以是灯光照明的点光源进行视觉的强调。因此，在构造室内空间视觉中心点时，要根据各空间界面的功能和要求以符合整体室内风格对视觉重点做充分考虑和协调性安排。

最后，空间构图的对比与统一。室内空间序列的全过程其实质就是一系列互相联系的空间过渡。因此，对于室内空间中的各种造型元素（空间的大小、形状、材料、色彩、肌理、室内陈设等）一定是按照建筑的使用功能和大众的审美倾斜，在设计上以高潮空间为主体，其他空间序列为补充的设计法则，使用主体造型元素和手段引导其他次要造型，其他造型手法对重点空间做补充的理念，做到整个空间构成和审美感受的统一和局部的对比。

第4章
室内设计的工作方法、程序及表现方式

4.1 室内设计的工作方法

现代室内设计的工作方法要求设计师对室内设计的基本原理和设计内容具备一定的认识基础后并经过大量工程实践才会有比较深刻的体会。现将室内设计的工作方法归纳为以下几点：

4.1.1 全盘考虑，深入交流

首先在接受方案时要全盘考虑，以客观环境为设计基础，以人为设计核心，以科学性和艺术性相结合为设计创作手段，以可持续发展为设计目的，在设计最初时把握一个宏观概念。在深入交流后必须根据室内的使用性质，认真调查、收集信息，掌握必要的资料和数据，从最基本的人体尺度、家具与设备尺寸等静态尺寸和人流动线、活动范围等动态尺寸入手准备。

4.1.2 寻求体验，改变创造

每一个优秀的室内设计作品都能充分体现设计师对生活的用心与其所具有的人生阅历。任何艺术形式都源于生活并还原于生活，室内设计也不例外。不同使用功能的室内设计类型的追求和定位都会有所不同，设计师应主动参与不同空间类型的生活体验并收获和总结经验，以创新性的工作热情打破每一次设计中的墨守成规。

4.1.3 分析目的，定位设计

1. 环境定位
结合考虑项目所处的地理环境位置，室内设计的空间环境应该具有独特的时代气息和地域特征，反映该地理环境的生活风貌、风土人情、文化习俗等自然元素与人文喜好。

2. 功能定位
室内设计是一个产品设计的过程，形式和功能都客观存在，应反对任何形式至上主义。功能是有标准可循的，只有在确定了空间的使用功能基础上做出的设计才是理性的、符合需求的。

3. 风格定位
室内设计的风格定位基于场所的使用性质和建设方（或使用者）的需求，室内设计师结合以上需求提炼出能准确表达其风格特点的艺术元素，使之贯穿于整个设计方案，并保证设计作品的统一性和完整性，充分体现室内空间的独特品质。

4. 标准定位

室内设计功能与手法不尽相同，决定其标准定位也存在相应不同。设计师必须整体把控室内环境规模与所选择的设备、家具、材料等品种和质量以及总资金的投入预算，熟悉各方面配套细节才能做到心中有数，运筹帷幄。

4.2　室内设计的工作程序及表现方式

4.2.1　设计准备阶段

1. 沟通分析与资料收集

在此阶段接受设计委托任务书，双方达成意愿后签订装修设计（施工）合同，或者根据标书要求参加项目投标。与建设方（客户）进行从初步到深度的沟通，了解建设方（客户）的意向，收集相关基础资料、确定设计思路并做初步分析评估。设计师必须认真了解项目的使用性质、功能特点、设计规模、等级标准、设计规范、预算造价、艺术风格等具体情况。

以一套居住空间设计为例，设计师应对以下客户情况做详细深入的掌握：

1）家庭常住人员构成（包括人数、成员之间关系、年龄、性别等）。

2）民族和地区的传统、特点和宗教信仰。

3）职业特点与工作性质及文化水平。

4）兴趣爱好、生活方式与习惯、个性特征、生活品质。

5）经济水平和消费投向的分配情况等。

……

而客户则应积极配合设计师提供以下重要信息：

1）一手项目资料。

2）主要的功能要求及家具和设备的技术参数（包括品牌、规格、材质、颜色、安装要求等）。

3）倾向考虑的材料及颜色和样式。

4）投入的预算资金和装修周期。

……

2. 实地测绘

设计者开始着手设计规划，必须有精确的尺寸作为制图依据。尺寸的来源，有原建筑图及现场测量两种方式，其中以后者最为精确可靠：

1）现场以徒手画的方式绘出平面简图，并标明出入口、门、窗、柱、梁和楼梯台阶等位置以及排气排水排污管道、雨水管、配电箱、消防栓、煤气管道、原灯位及消防等设备。

2）准确测量每一处尺寸（包括窗台、窗户、梁、楼梯、层高、高差等各部位水平及垂直尺寸），并标注于平面简图中，通常测量值为室内净尺寸。

3）观察建筑物结构，并将柱、钢筋混凝土墙、非承重墙等注明于平面简图中。

4）观察建筑物之室外环境、采光、方位、景观及与邻近建筑物的关系并记录下来。

5）若为旧建筑翻新案例，应将原有并需要留用的家具、设备等以草图绘出并注明尺寸、表面材质、色彩及细部收口等。

4.2.2　方案设计阶段

1.设计构思

设计构思阶段可将已现场测量好尺寸的平面简图，按比例绘出现状平面图，之后便可开始着手简单而认真的设计构思，就平面布置的关系、空间的处理、功能的布局做出绘制。在进行平面规划时，常因业主需求或设计上的需要，隔间会与原建筑物的隔间墙有所出入及变更，这时需特别注意保证建筑物结构上的完整性，千万不可破坏原建筑物的结构，致使建筑物强度降低。

设计构思阶段的绘图工作内容包括：

（1）功能分析图：用气泡图的形式图解功能分析（图4-1）。

（2）平面布置图：简单的功能分区、交通流线、家具布置（图4-2）。

（3）空间透视草图：用直观的透视画法描绘设计构思（图4-2、图4-3）。

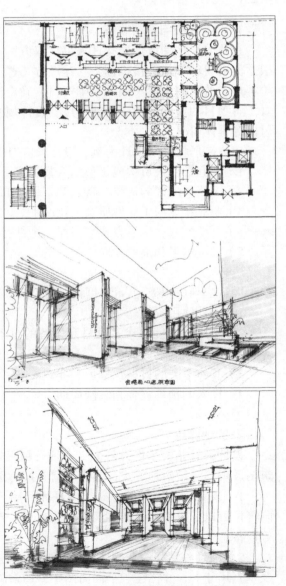

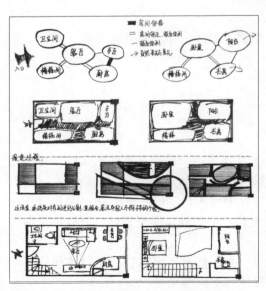

图4-1　小户型居室室内设计的功能分析图
（作者：洪媛）

图4-2　深圳宝安第5大道售楼部方案草图
（作者：张雷）

家具、陈设、灯具及装饰材料等室内空间的构成要素往往对整个室内空间的风格特征和气氛格调起到强烈的控制作用。在方案设计阶段，设计师除了要绘制基本的功能分析图、平面布置图和空间透视草图外，通常还要进行方案设计中的室内家具、陈设、灯具及装饰材料等选型的图例示意说明。其表达方式是以实景照片的形式来进行图片展示，通常实景照片要对应到平面图上所运用到的具体空间中，这样直观而又真实，并与手绘的草图相得益彰（图4-4）。

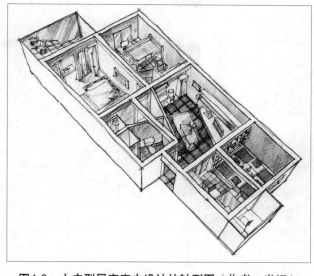

图4-3　小户型居室室内设计的轴测图（作者：肖翊）

在设计师完成方案设计阶段的图样内容后，通常要与业主进行方案设计的汇报与沟通，进而便于进行下一阶段的设计工作安排。现今比较常用的方式是运用PowerPoint计算机软件对相关的设计图样及图片进行编辑，制成演示文稿，最后配合计算机投影展示进行设计方案的陈述（图4-5）。

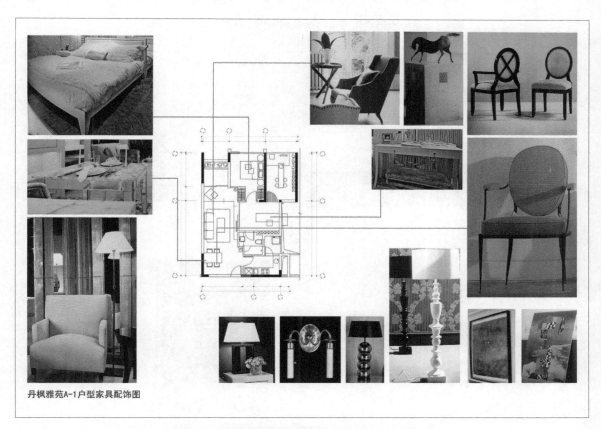

丹枫雅苑A-1户型家具配饰图

图4-4　深圳丹枫雅苑样板房家具配饰图（深圳大壹空间提供）

丹枫雅苑A-3户型家具配饰图

图4-4　深圳丹枫雅苑样板房家具配饰图（深圳大壹空间提供）（续）

Hongye feicui monfain Villa

宏业翡翠山城别墅样板房

概念方案设计

图纸目录

基地及工程概况

风格的思考

平面（空间）的推敲

界面的设计意向

家具的意向图片

饰品的意向图片

灯具选型

透视草图参考

对人性化的思考

1

基地及工程概况

1. 工程名称：宏业翡翠山项目11栋01号别墅

2. 用地性质：居住用地

3. 建筑面积：215 m²

4. 建筑基地位置

2

风格的思考

1. 对建筑空间的观察

2. 对房地产公司营销策略的理解

3. 对目前流行风格的认识

4. 提出

11栋01号别墅（215 m²）的风格意向

室内装饰造型纤细，可用曲线、弧线，镜面作装饰。用金色和象牙白，色彩明快、柔和、清淡却豪华富丽。室内装修造型优越，制作工艺、结构、线条具有婉转、柔等特点，以创造轻松、明朗、亲切的空间环境。

3

风格定位意向图片

Art Deco 风格

Art Deco 也被称为装饰艺术

表达了当时高端阶层所追求的高贵感

摩登的形体又赋予贵族气息

一种复兴的城市精神

新颖的造型

绚丽夺目的色彩

豪华材料

摩登艺术的符号

4

图4-5　深圳宏业翡翠山城别墅样板房概念方案设计PowerPoint展示（深圳大壹空间提供）

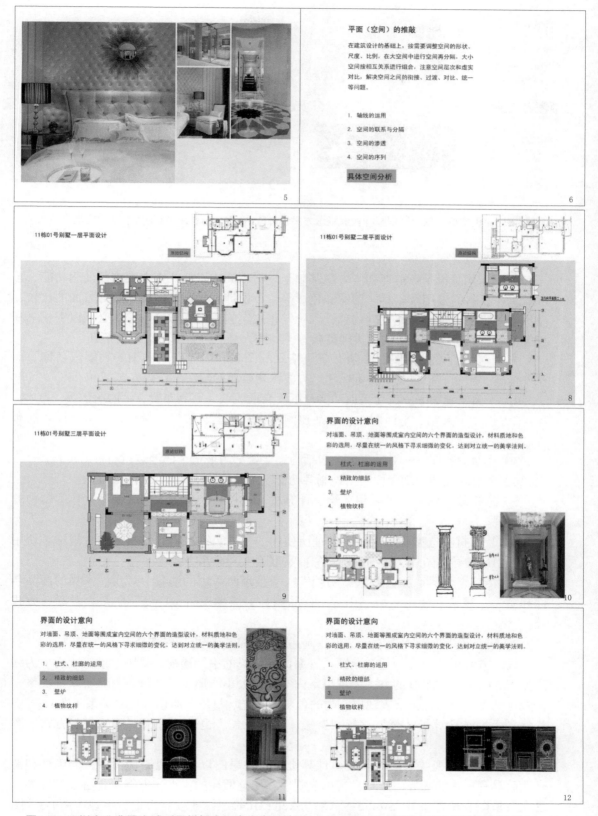

图4-5 深圳宏业翡翠山城别墅样板房概念方案设计PowerPoint展示（深圳大壹空间提供）（续）

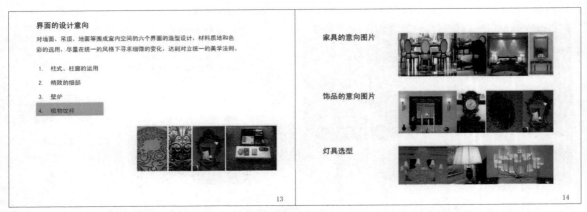

图4-5　深圳宏业翡翠山城别墅样板房概念方案设计PowerPoint展示（深圳大壹空间提供）（续）

2. 方案深化

方案深化阶段是在前期初步方案基础上，对不同构思的几个方案进行使用功能、艺术效果（材料的选用及家具、照明和色彩等）、设计理念以及经济因素等方面的比较，做出进一步的考虑，深化设计构思，以确定正式实施方案。方案的深化必须以委托书和相关技术资料及参照执行的相关规范条例（如防火规范等要求）为设计依托。

方案深化阶段的绘图图样须有统一格式的图名和图号以及详细的功能区名称、面积、标高、尺寸、材料及设备等标注。方案深化阶段的绘图工作内容包括：

1）平面布置图——深化平面功能分区、交通流线、家具布置、消防疏散等。

2）顶棚（天花）平面图——包括顶棚结构、造型、装饰、材料、灯具及设备的布置。

3）地面铺装图——对地界面（包括地面、楼梯与坡道）的铺装材料进行设计。

4）主要立面图及剖面图——绘制各功能空间及房间中的立面图及剖面图。

5）透视效果图——可采用手绘、计算机、手绘与计算机结合、模型制作等多种方式来表现。

6）装饰材料选型明细表——整理所使用的室内装饰材料的材料名称、规格、使用区域、用量和样品图片、详细说明、厂商、联系人及联系方式等。

7）洁具、灯具、家具等选型明细表——整理所采用的洁具、灯具、家具的产品名称和型号、规格、使用区域、用量、样品图片、详细说明、厂商、联系人及联系方式等。

8）设计说明——提倡原创文字，阐述设计构思，分析材料选择等。

较之方案设计阶段的透视草图，方案深化阶段的手绘透视效果图要求表现得更为细致深入。通常以钢笔画的方式表现出室内空间的大小、形态、比例、材料等素描关系，再配合马克笔或彩色铅笔表现出室内的色彩、灯光、材质、肌理等色彩关系（图4-6）。当然，手绘与计算机结合能够扬长避短，各取所长，也是一种很实用的表现方式（图4-7）。

较之手绘透视效果图的表现，计算机透视效果图以其表现的真实性、准确性和清晰性而具有更强的优势，并且具有可复制性，调整便捷的优点。方案深化阶段的计算机透视效果图表现常用3D Studio MAX和SketchUP等三维建模软件进行表现（图4-8～图

4-10），平面图和立面图则可以使用AutoCAD结合Photoshop软件进行色彩和材质的填充表现（图4-11）。

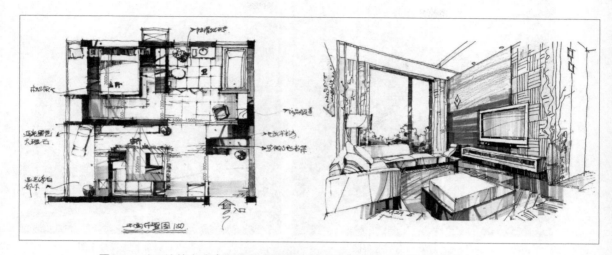

图4-6　以手绘的方式表现的方案深化阶段透视效果图（作者：周望锋）

图4-7　以手绘与计算机结合的方式表现的方案深化阶段透视效果图（作者：陈新生）

a）一层餐厅计算机透视效果图

b）一层客厅计算机透视效果图

c）三层主卧室计算机透视效果图

d）三层主卫生间计算机透视效果图

图4-8　深圳宏业翡翠山城别墅样板房计算机透视效果图（深圳大壹空间提供）

图4-9　深圳丹枫雅苑样板房计算机透视效果图（深圳大壹空间提供）

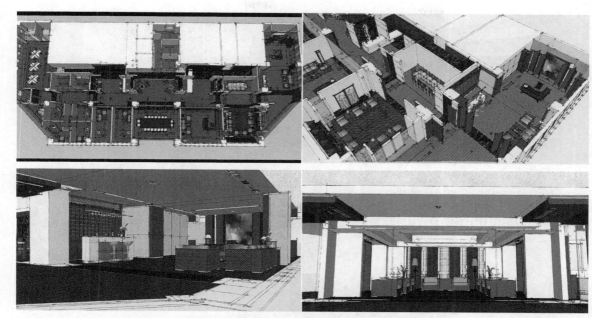

图4-10 以SketchUP三维建模软件进行表现的某办公空间方案深化阶段鸟瞰图及透视图（深圳大壹空间提供）

b）某居住空间卧室立面的计算机表现图（作者：孙颖）

a）某居住空间平面布置的计算机表现图（作者：段勤颖）　　　　c）某居住空间厨房立面的计算机表现图（作者：王玮）

图4-11 以AutoCAD结合Photoshop软件表现的平面图和立面图

　　在一些大中型室内设计项目的设计投标中，往往还会要求设计方进行室内三维计算机动画场景及室内模型的表现与展示。图4-12a是利用SketchUP软件中的动画编辑功能进行表现的室内场景，通过摄像机和镜头路径的设定，模拟出真实的室内空间场景，令观看者身临其境。有些室内三维计算机动画中往往还加入了方案解说、背景音乐、中英文字幕及故事情节等内容，极大地增强了动画表现的直观性和趣味性（图4-12b）。

a)

b)

图4-12　室内三维动画场景的表现

a）作者：郑凯华　b）上海金字塔3D数码机构提供

　　模型是表现室内空间关系的一种重要手段，尤其是对于功能分区复杂、空间层次丰富、造型富于变化的室内空间，模型更是有助于帮助设计师分析推敲设计方案，弥补图样在表现上的局限性。在设计构思阶段可以制作较为简略的工作模型，而在方案深化阶段则可制作更为精致的展示模型，供审定设计方案之用。展示模型要表现出室内空间真实的比例、造型、色彩、材质，还要展示出房间内的家具、陈设及绿化等的布置（图4-13）。

图4-13　某居住空间室内设计的模型表现（作者：董肖秀，李小梅）

　　装饰材料、洁具、灯具及家具等的选型明细表也是一项非常重要的工作内容，设计师不仅要考虑到材料和产品的美观和使用问题，更要关注其质量和工程造价控制因素。

　　装饰材料、洁具、灯具及家具等的选型明细表可以制作成一套"软性和硬性装饰元素指导图册图"（图4-14）。其中装饰材料的选型明细表常根据材料所用于的不同区域和房间中逐一列出。洁具可按照龙头、面盆、马桶、淋浴和浴缸等类型分别列出，灯具可按照吊灯、台灯及壁灯等类型分别列出，上述所有都要写明名称、型号、规格、使用区域、用量、样品图片、详细说明、厂商、联系人及联系方式等。

4.2.3　施工图设计阶段————调整发展，细部深入

　　施工图样是现场施工方和监理方开展工作最直接的依据，此阶段将方案图样进入完善期，在前期方案确认基础上深入绘制更详细的施工图（图4-15）。

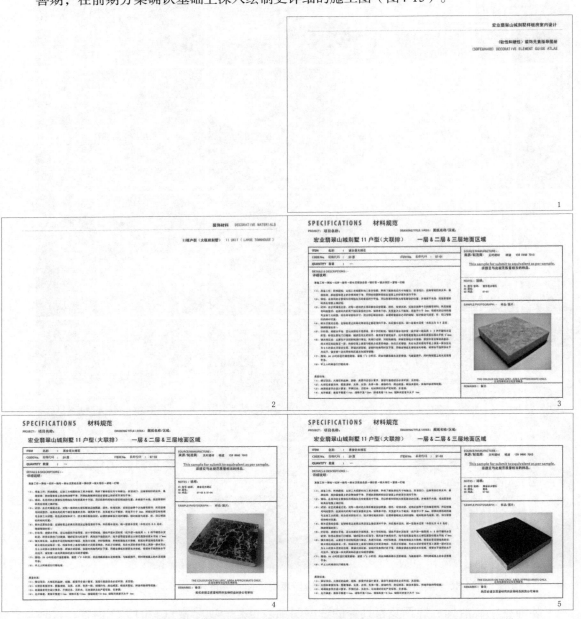

图4-14　深圳宏业翡翠山城别墅样板房软性和硬性装饰元素指导图册（深圳大壹空间提供）

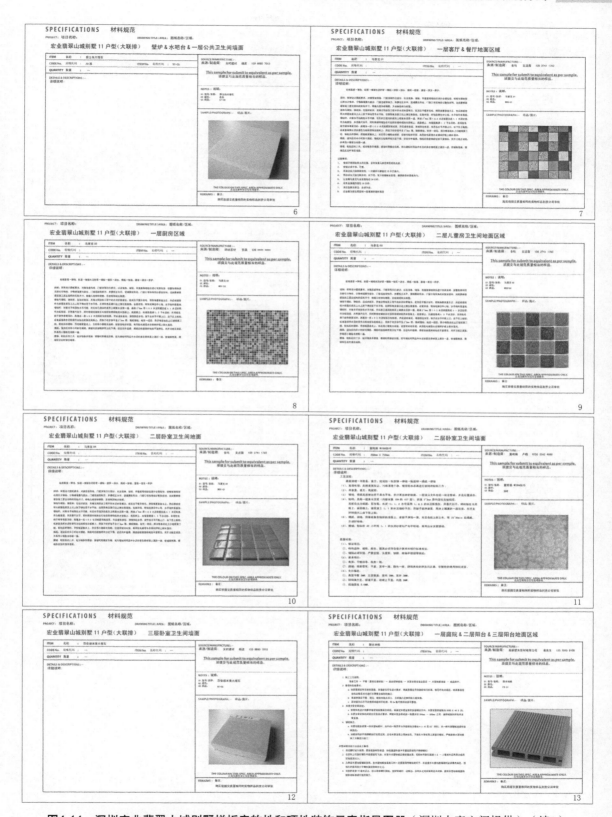

图4-14　深圳宏业翡翠山城别墅样板房软性和硬性装饰元素指导图册（深圳大壹空间提供）（续1）

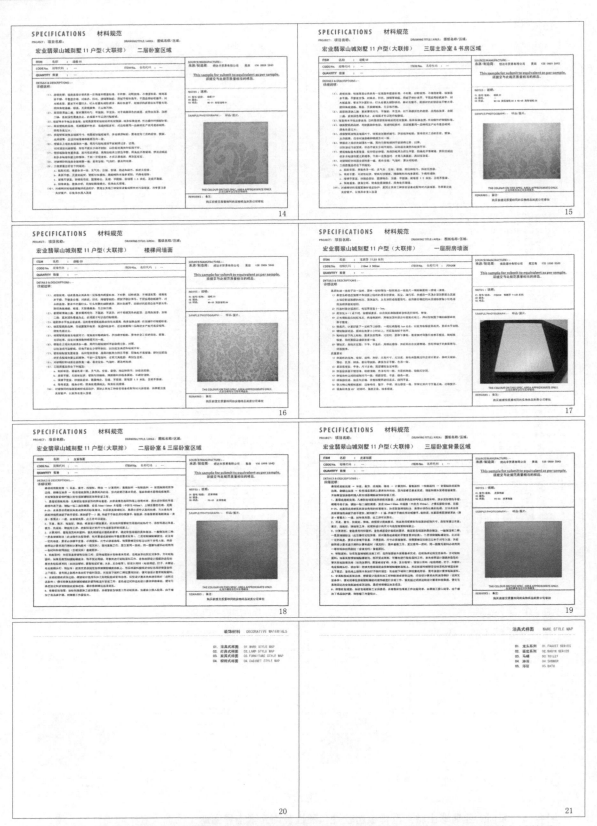

图4-14　深圳宏业翡翠山城别墅样板房软性和硬性装饰元素指导图册（深圳大壹空间提供）（续2）

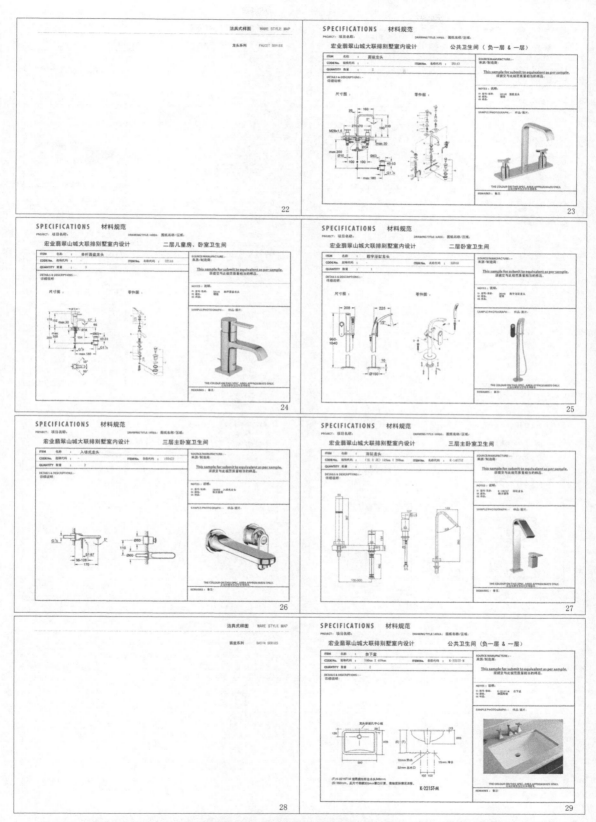

图4-14 深圳宏业翡翠山城别墅样板房软性和硬性装饰元素指导图册（深圳大壹空间提供）（续3）

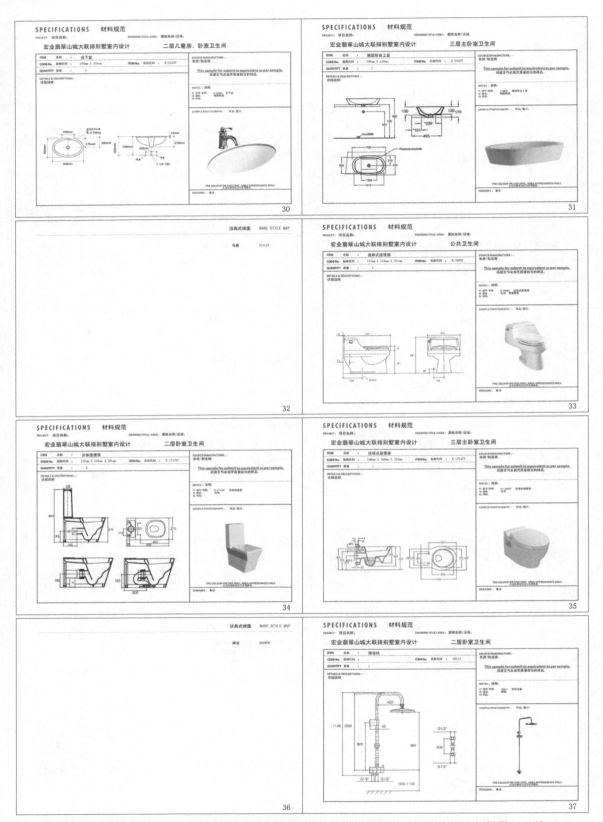

图4-14　深圳宏业翡翠山城别墅样板房软性和硬性装饰元素指导图册（深圳大壹空间提供）（续4）

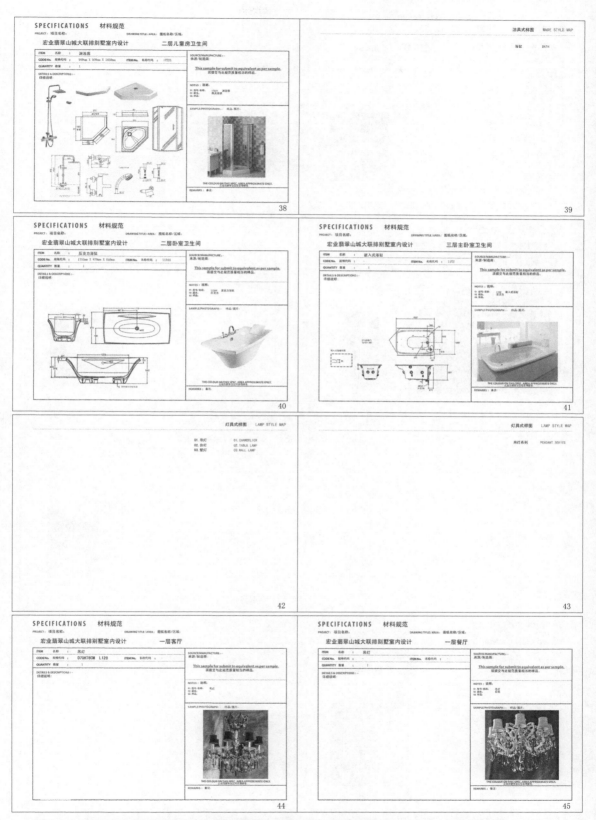

图4-14 深圳宏业翡翠山城别墅样板房软性和硬性装饰元素指导图册（深圳大壹空间提供）（续5）

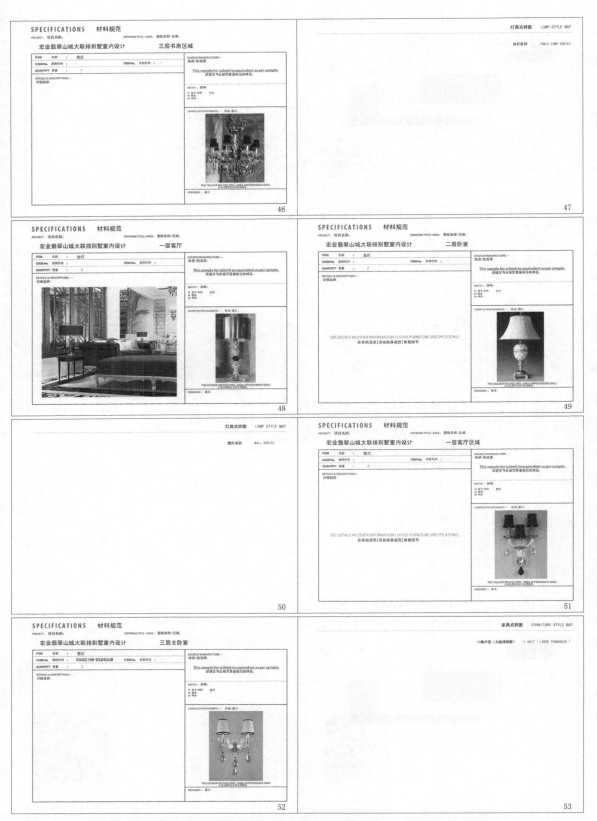

图4-14 深圳宏业翡翠山城别墅样板房软性和硬性装饰元素指导图册（深圳大壹空间提供）（续6）

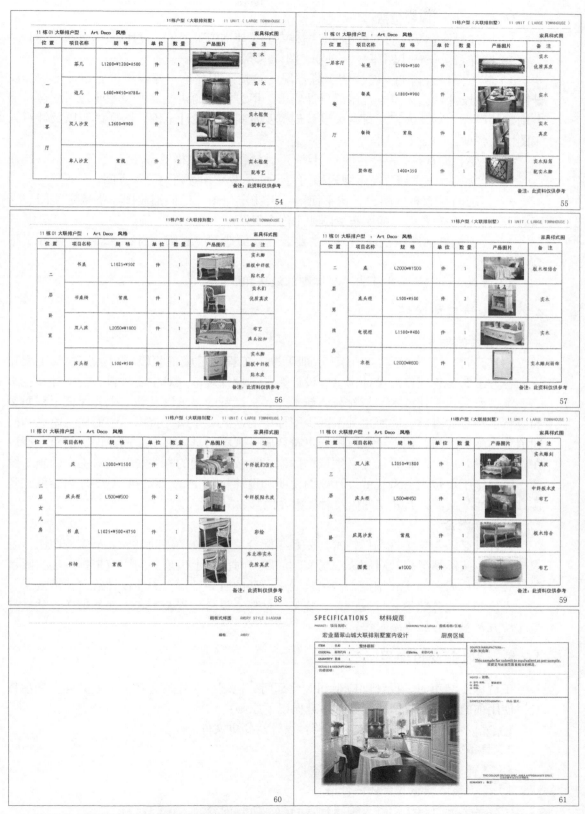

图4-14 深圳宏业翡翠山城别墅样板房软性和硬性装饰元素指导图册（深圳大壹空间提供）（续7）

施工图的图样内容包括：

1）图样封面——注明工程名称、图样专业（装饰施工图）、设计单位、设计时间。

2）图样目录——注明序号、图号、图样内容、图幅。

3）施工图设计说明——注明工程概况（包括工程名称、建设单位、设计单位、设计范围）、设计依据（甲方提供的设计要求、甲方提供的建筑及相关专业施工图样、甲方确定的设计方案、国家现行有关设计规范及资料）、设计范围、图样说明以及针对施工图样的各项分类施工说明。

4）主要装饰材料表——注明材料编号、材料名称、规格及备注。

5）门窗表——详细分类不同规格门窗尺寸及型号并做归纳以备查阅。

6）各层的平面布置图、天花平面图、天花定位图、地面铺装图、隔墙定位图、立面索引图、开关布置图、插座布置图、水位布置图。

7）各层的立面图及剖面图——主要表达立面造型、装饰、材料、做法、尺寸、标高等关系。

8）节点大样图——主要表达具体细部做法和详细尺寸。

4.2.4 设计实施阶段

1. 图样交底

图样设计完毕并得到客户确认后即可进入工程项目施工阶段。为了使参与工程建设的各方了解工程项目的设计构思、设计要求、设计规范、对主要材料、构配件和色彩等要求、所采用的新技术、新材料、新工艺、新设备的要求以及施工中为保证工程质量而应特别注意的事项。同时也为了减少图样中的遗漏和差错，将图样中的质量隐患与问题消灭在施工之前，使设计施工图样更符合施工现场的具体要求，避免返工浪费。所以在施工阶段开启之前，设计方必须依据国家设计技术管理的有关规定，对提交的施工图样，应向施工单位进行系统的设计意图说明和设计技术交底。双方针对图样内容做细致认真的沟通与交流，有异议的应及时提出并做修改完善。

2. 现场配合

设计师必须与施工现场保持密切联系与配合。项目施工期间设计人员需按照图样要求核实施工实际情况，及时解决现场实际问题。对图样上出现的问题应根据现场实际情况经三方确认后做补充和调整，并出具变更设计图以做备案。为使设计取得预期效果，设计人员必须充分熟悉和重视设计、施工、材料、设备、资金等各方面的衔接，并做好与建设方及施工方的协调工作。

4.2.5 验收并交付使用

工程施工结束时，设计师应会同质检部门、监理方、建设方和施工方共同参加项目交付使用前的工程验收。竣工验收须遵循以下原则：

1）完成合同约定的各项内容，符合设计及变更文件。

2）具备完整的项目竣工材料。

3）工程质量达到相关竣工验收标准。

4）工程整体观感效果评估合格。

工程全部进行完毕后各方须履行合同所示所有内容。

主要装饰材料表

材料编号	材料名称	规格	备注
地面用材：			
DL-01	米黄色大理石	20mm	
DL-02	黑金砂磨花	20mm	
DL-03	黑金砂大理石	20mm	
MDG-1	金属陶瓷锦砖拼花		
MDG-2	石材陶瓷锦砖拼花		
MDG-3	石材陶瓷锦砖拼花		
DL-04	防滑地砖	200X400	
DL-01	户外实木地板		
SD-01	实木地板(八字拼)		
SD-02	实木地板		

材料编号	材料名称	规格	备注
天花用材：			
PL-01	石膏板刷白色乳胶漆	20mm	
PL-02	原楼板刷白色乳胶漆	20mm	
PL-03	埃特板刷白色防水乳胶漆	20mm	
PL-04	原楼板刷防腐漆	20mm	
PL-05	木饰面		
MC-06	6厚茶镜饰面		

材料编号	材料名称	规格	备注
墙面用材：			
CL-01	雅士白大理石		
MC-02	木饰板素白漆		
CL-02	墙砖	300X600	选样 厨房
CL-03	陶砖	250X750	选样(暗花图案/卫生间)
MC-03	高级墙纸1		儿童房
MC-03	高级墙纸2		卧室
MC-03	高级墙纸3		主人房
MC-03	高级墙纸4		书房
MC-03	高级墙纸5		楼梯间
MC-03	高级墙纸6		
GL-01	艺术水晶玻璃		
GL-02	8+1.2=8钢化夹胶玻璃		
GL-03	10厚钢化玻璃		
GL-04	6厚白镜		
GL-05	12厚钢化玻璃		
GL-06	6厚茶镜饰面		
MC-07	皮革硬包		
MC-08	皮革硬包		
MC-09	皮革软包		

设计单位　深圳市大壹空间室内装饰设计有限公司

工程名称　翡翠山城(区18幢)

图名　主要装饰材料表

备注　所有尺寸以现场实际尺寸为准，严禁私自更改，图纸上若有误，以现场尺寸为准，其他设计问题要及时，设计问题事项。

设计阶段　施工图
工程编号
图号　GL-01　Page 4
日期　2010.06
比例　1:1
专业　装修

图4-15　深圳宏业翡翠山城别墅样板房装饰施工图(深圳大壹空间提供)

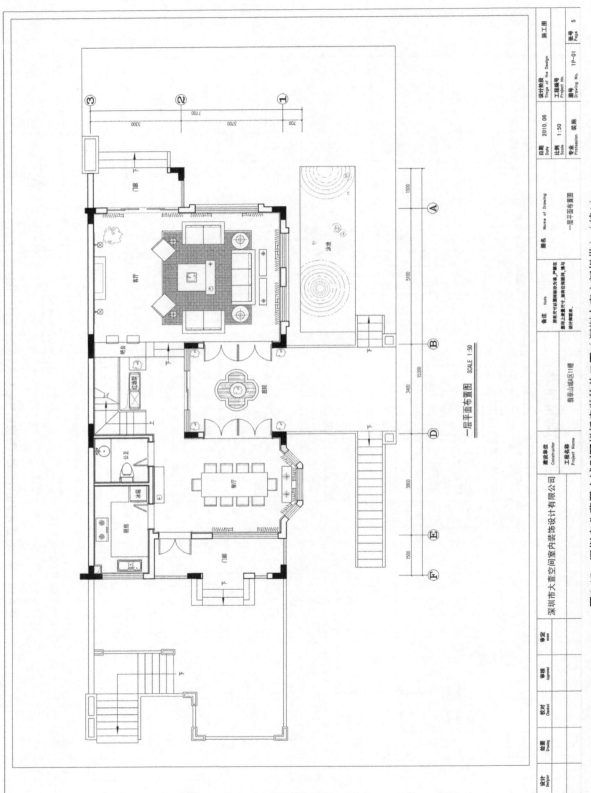

一层平面布置图　SCALE 1:50

图4-15 深圳宏业翡翠山城别墅样板房装饰施工图（深圳大壹空间提供）（续1）

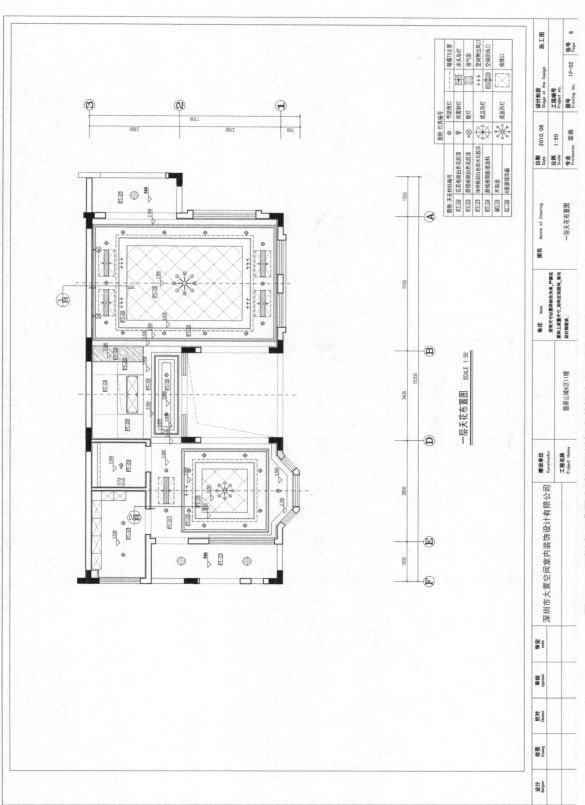

图4-15　深圳宏业翡翠山城别墅样板房装饰施工图（深圳大壹空间提供）（续2）

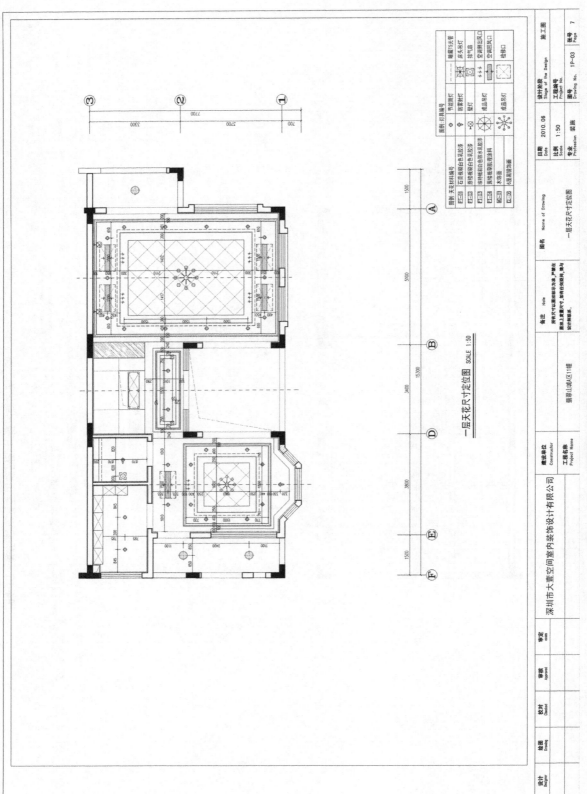

图4-15 深圳宏业翡翠山城别墅样板房装饰施工图（深圳大壹空间提供）（续3）

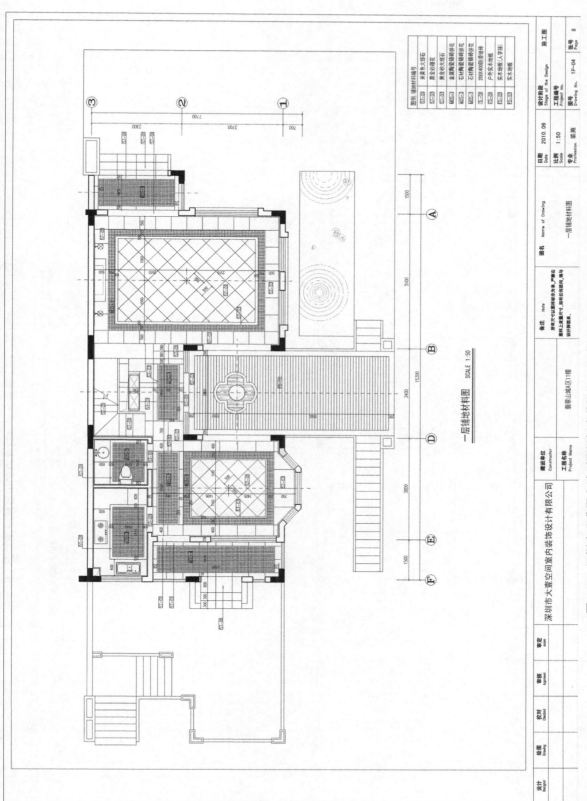

图4-15 深圳宏业翡翠山城别墅样板房装饰施工图（深圳大壹空间提供）（续4）

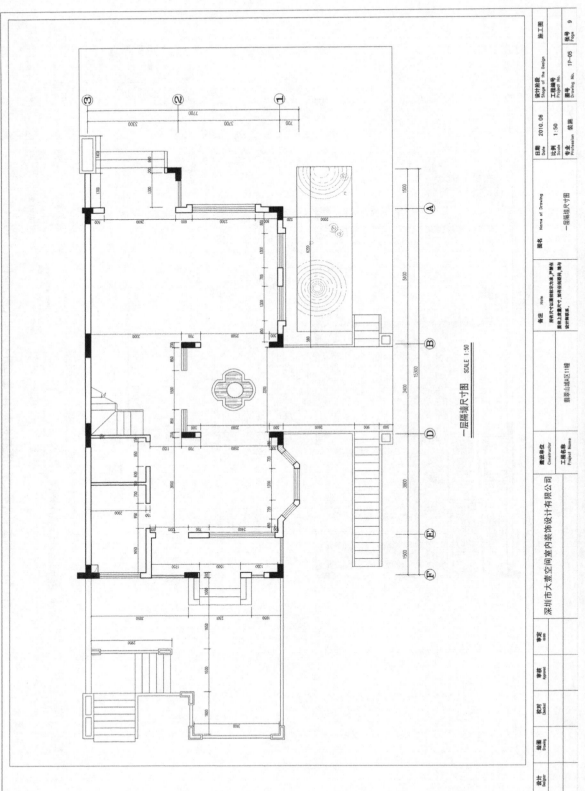

一层隔墙尺寸图　SCALE 1:50

图4-15　深圳宏业翡翠山城别墅样板房装饰施工图（深圳大壹空间提供）（续5）

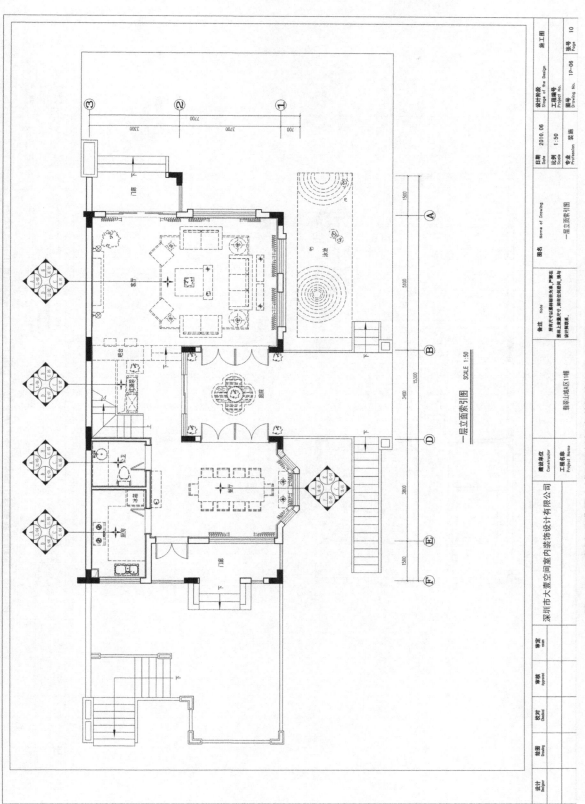

一层立面索引图　SCALE 1:50

图4-15 深圳宏业翡翠山城别墅样板房装饰施工图（深圳大壹空间提供）（续6）

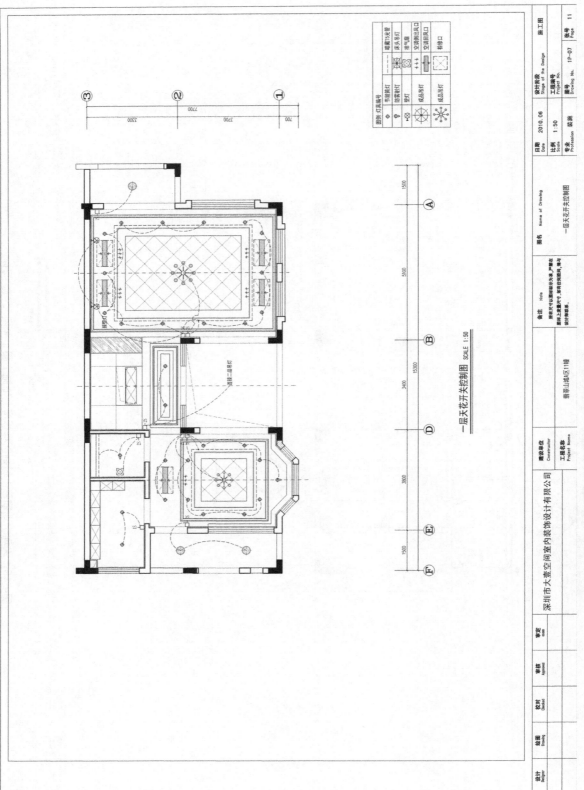

图4-15 深圳宏业翡翠山城别墅样板房装饰施工图（深圳大壹空间提供）（续7）

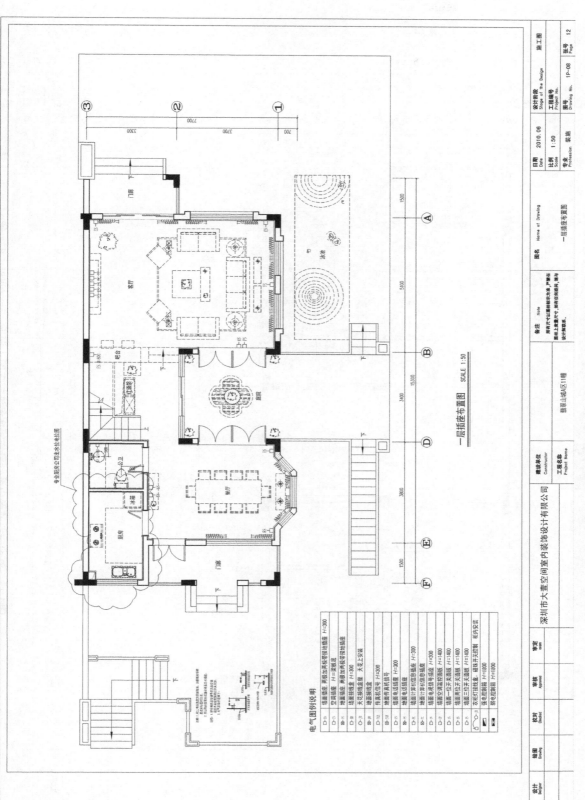

图4-15　深圳宏业翡翠山城别墅样板房装饰施工图（深圳大喜空间提供）（续8）

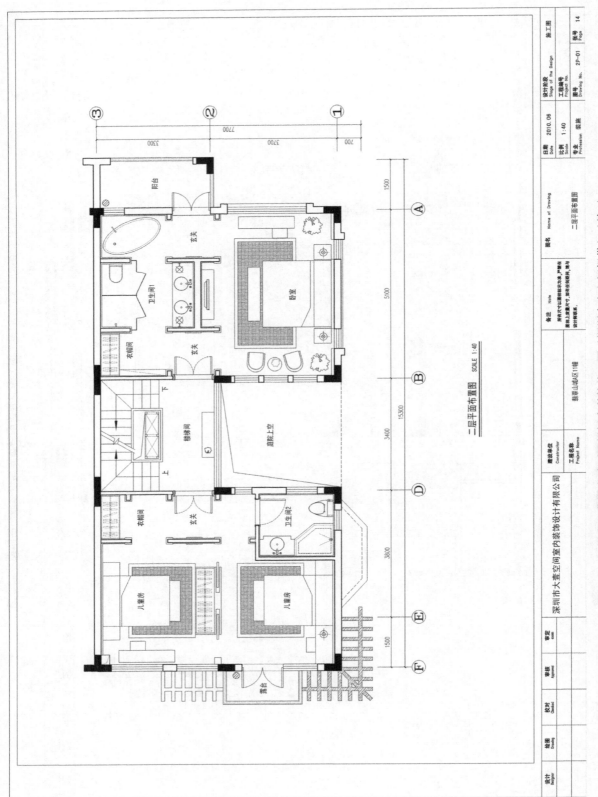

二层平面布置图 SCALE 1:40

图4-15 深圳宏业翡翠山城别墅样板饭房装饰施工图（深圳大壹空间提供）（续9）

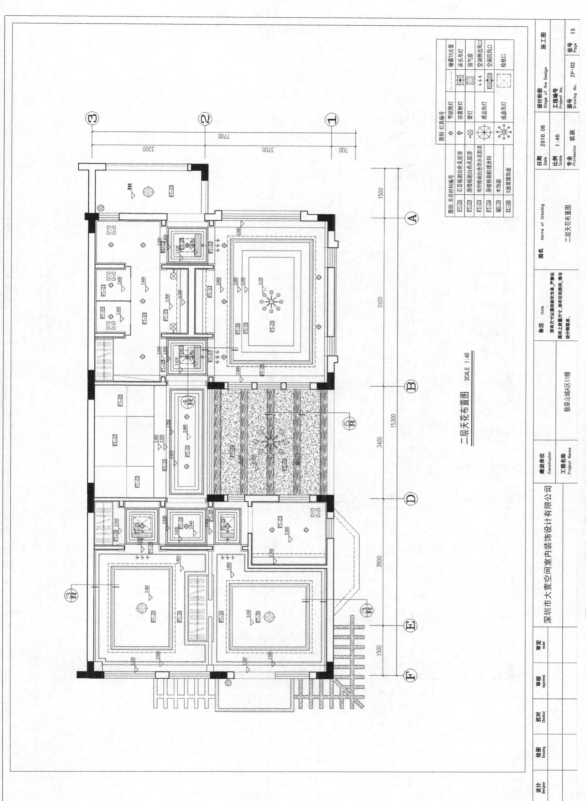

图4-15　深圳宏业翡翠山城别墅样板房装饰施工图（深圳大壹空间提供）（续10）

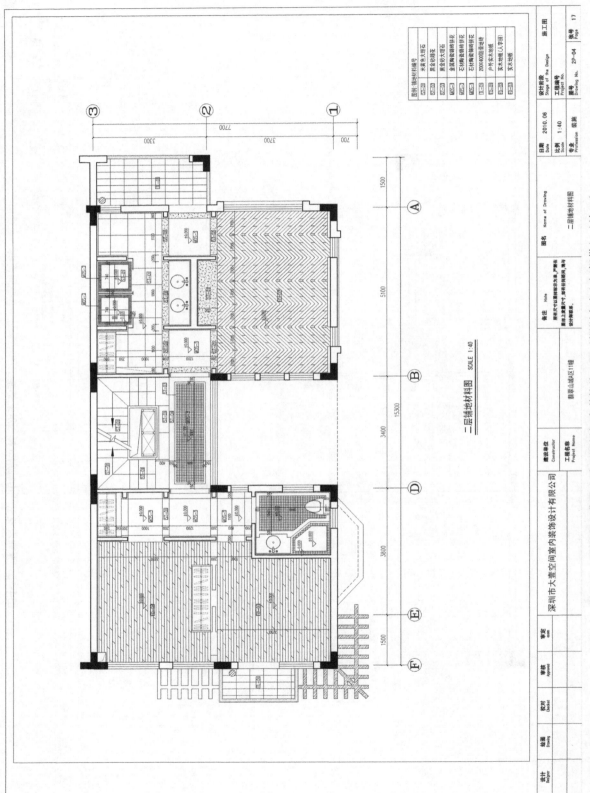

二层铺地材料图　SCALE 1:40

图4-15　深圳宏业翡翠山城别墅样板房装饰施工图（深圳大壹空间提供）（续11）

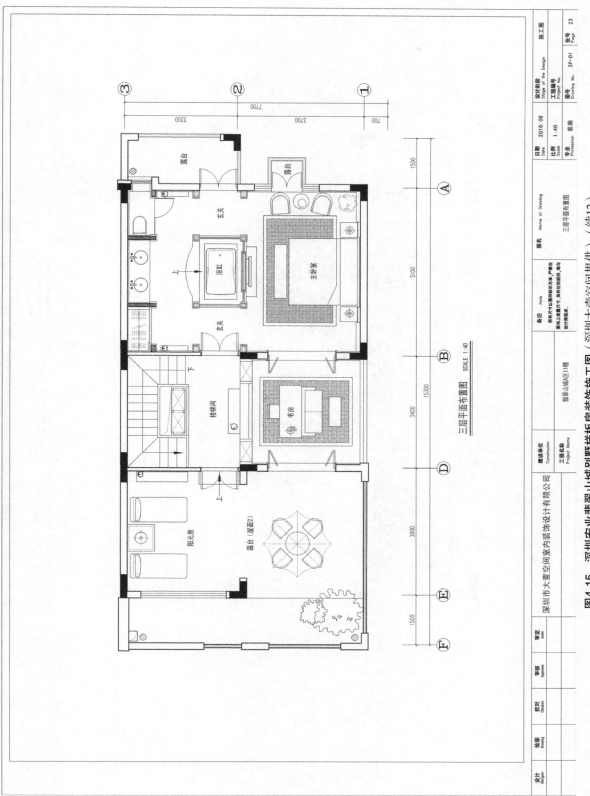

图4-15 深圳宏业翡翠山城别墅样板房装饰施工图（深圳大壹空间提供）（续12）

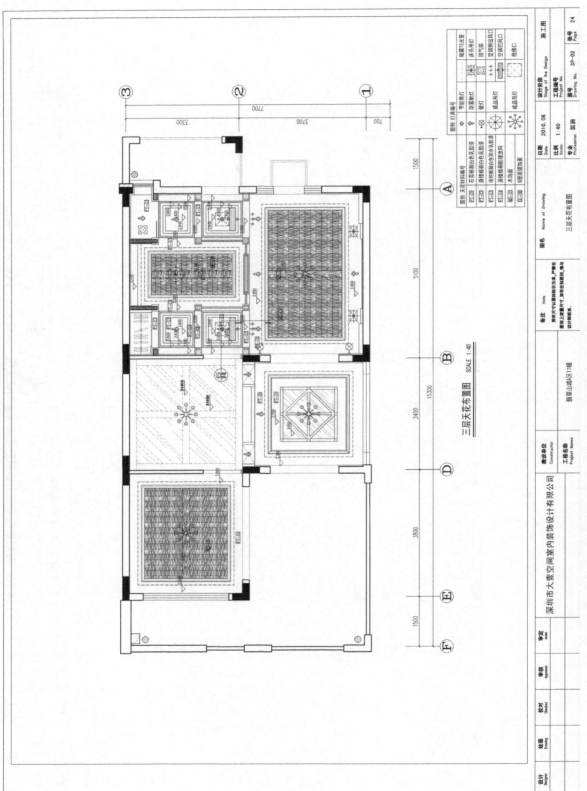

图4-15 深圳宏业翡翠山城别墅样板房装饰施工图（深圳大壹空间提供）（续13）

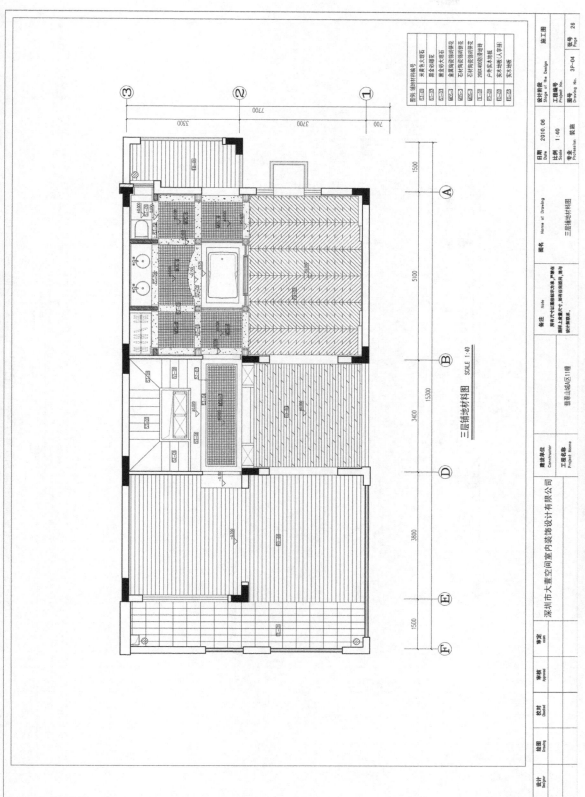

图4-15 深圳宏业翡翠山城别墅样板房装饰施工图（深圳大壹空间提供）（续14）

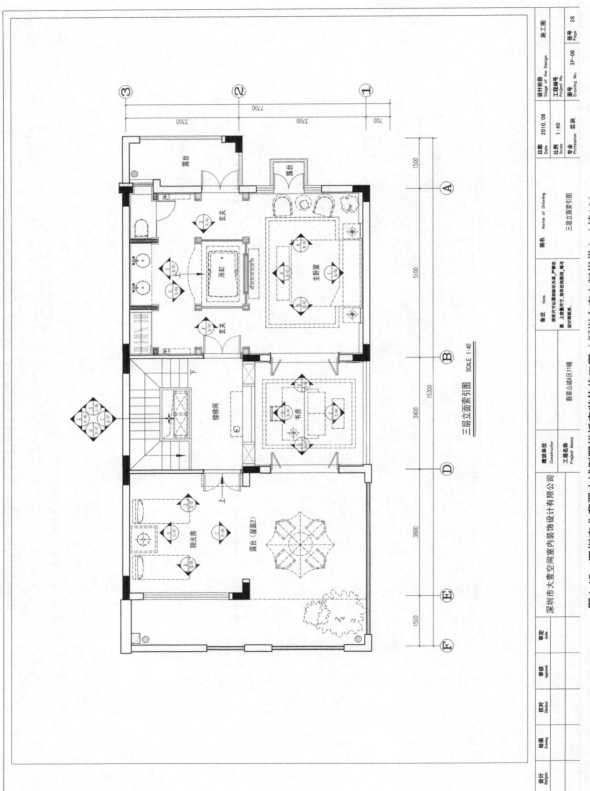

图4-15 深圳宏业翡翠山城别墅样板饭房装饰施工图（深圳大壹空间提供）（续15）

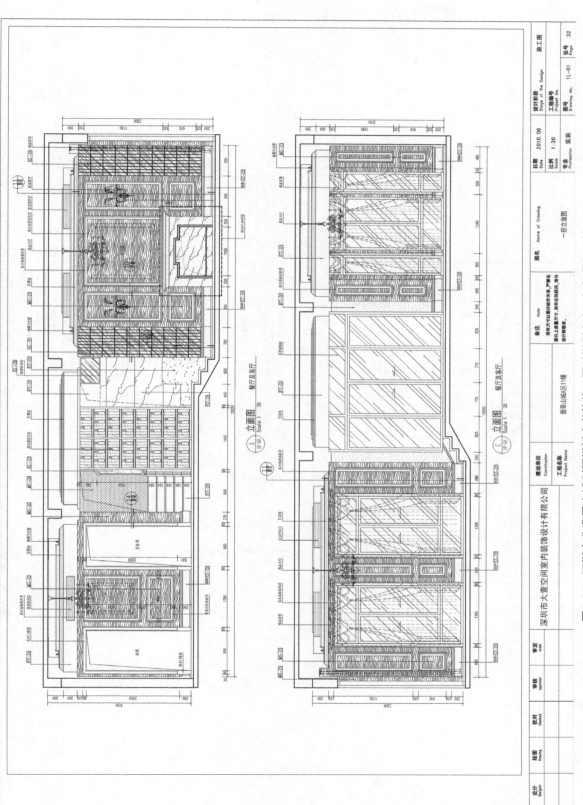

图4-15 深圳宏业翡翠山城别墅样板房装饰施工图（深圳大壹空间提供）（续16）

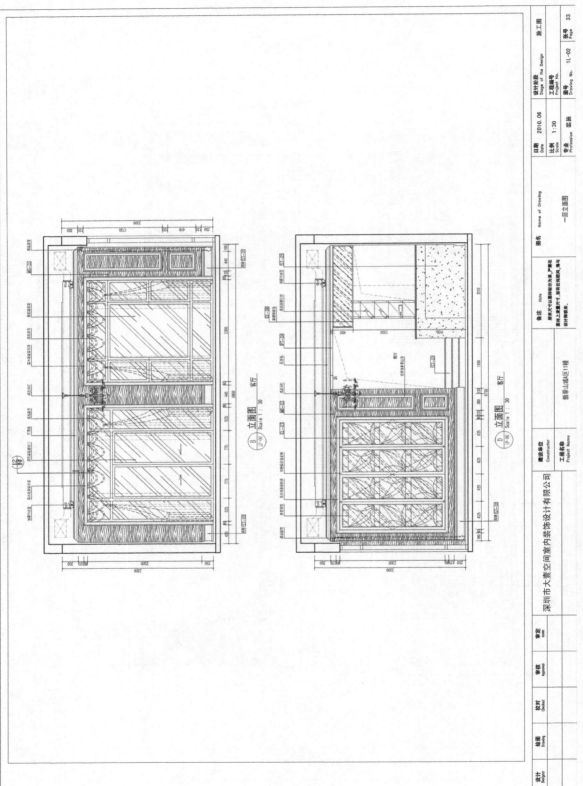

图4-15 深圳宏业翡翠山城别墅样板房装饰施工图（深圳大喜空间提供）（续17）

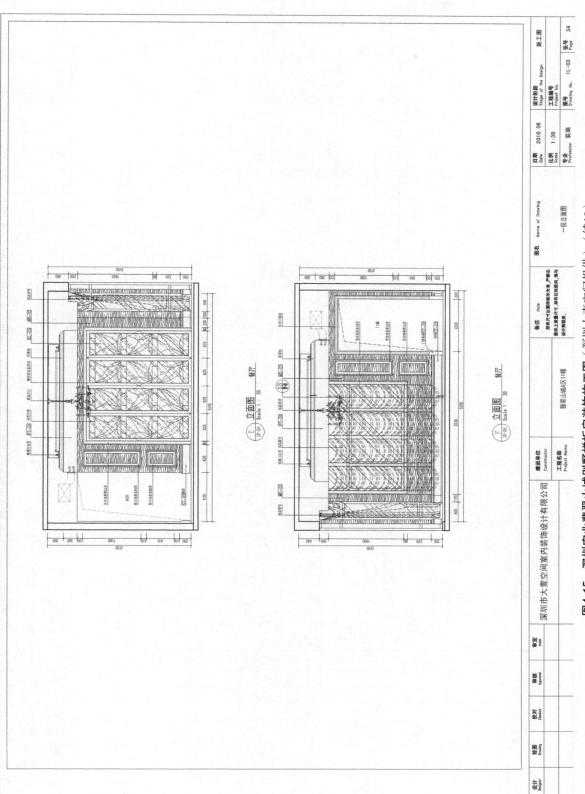

图4-15 深圳宏业翡翠山城别墅样板房装饰施工图（深圳大壹空间提供）（续18）

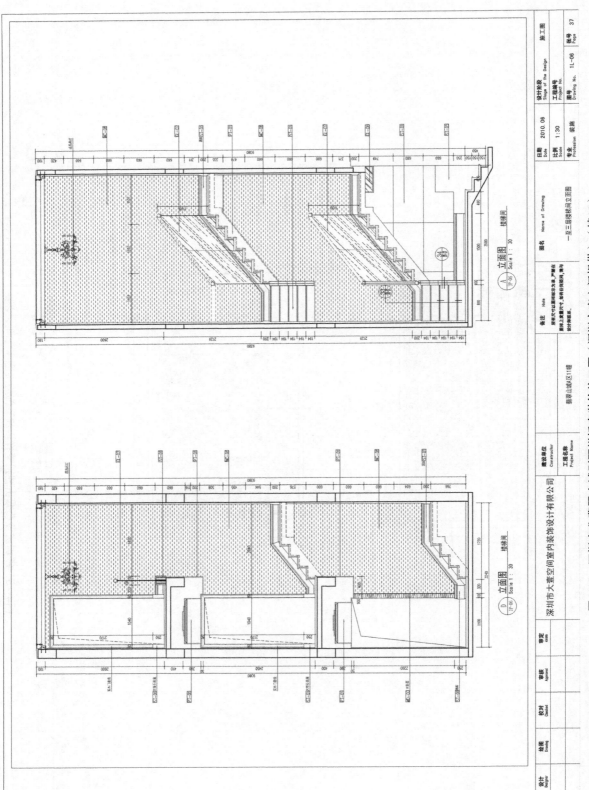

图4-15 深圳宏业翡翠山城别墅样板房装饰施工图（深圳大壹空间提供）（续19）

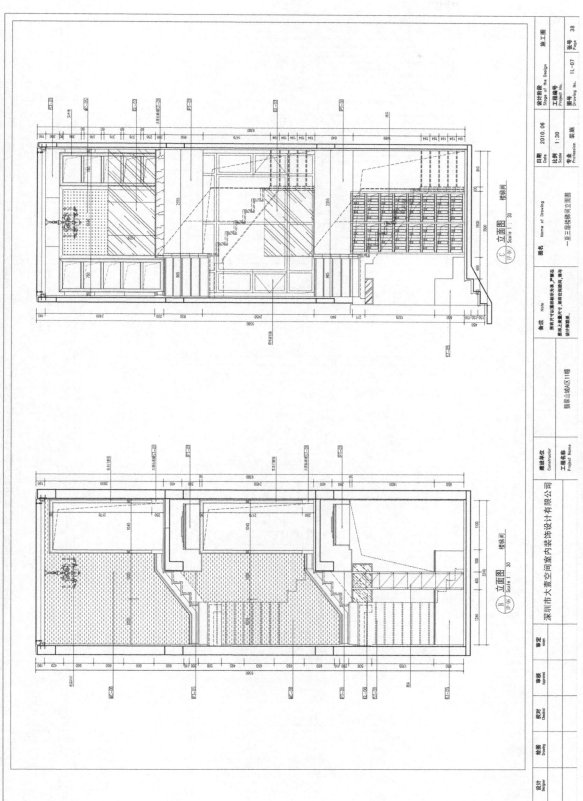

图4-15 深圳宏业翡翠山城别墅样板房装饰施工图（深圳大壹空间提供）（续20）

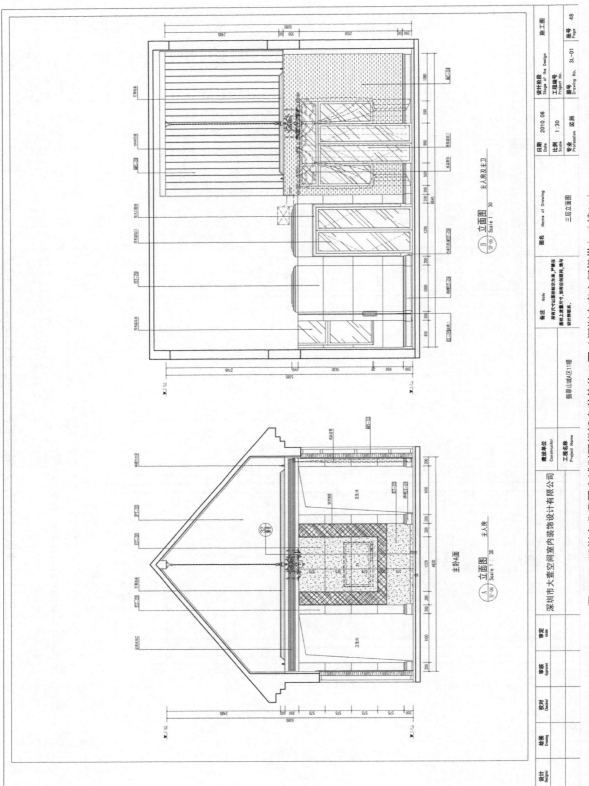

图4-15 深圳宏业翡翠山城别墅样板房装饰施工图（深圳大壹空间提供）（续21）

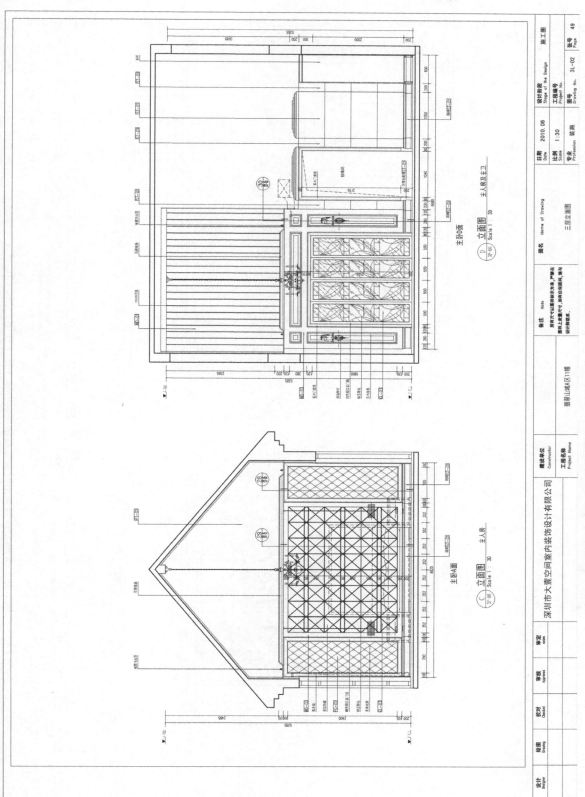

图4-15 深圳宏业翡翠山城别墅样板房装饰施工图(深圳大壹空间提供)(续22)

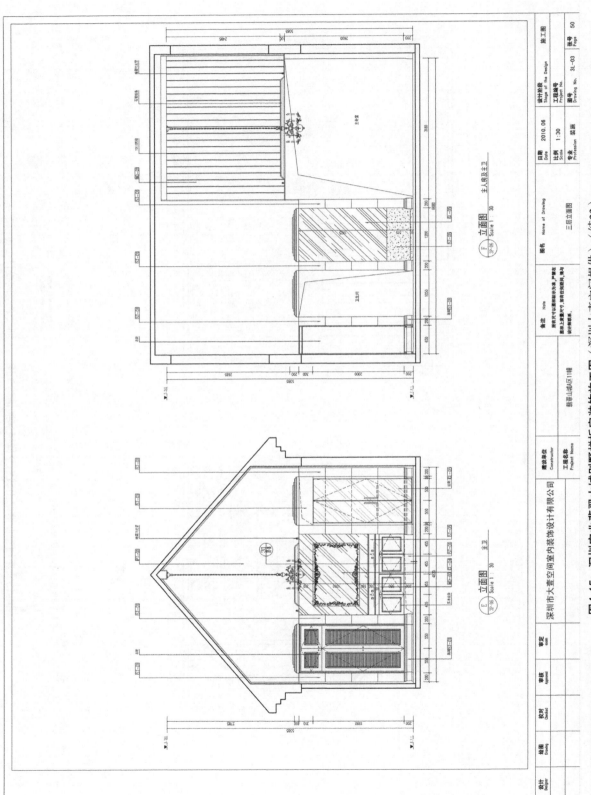

图4-15 深圳宏业翡翠山城别墅样板房装饰施工图（深圳大壹空间提供）（续23）

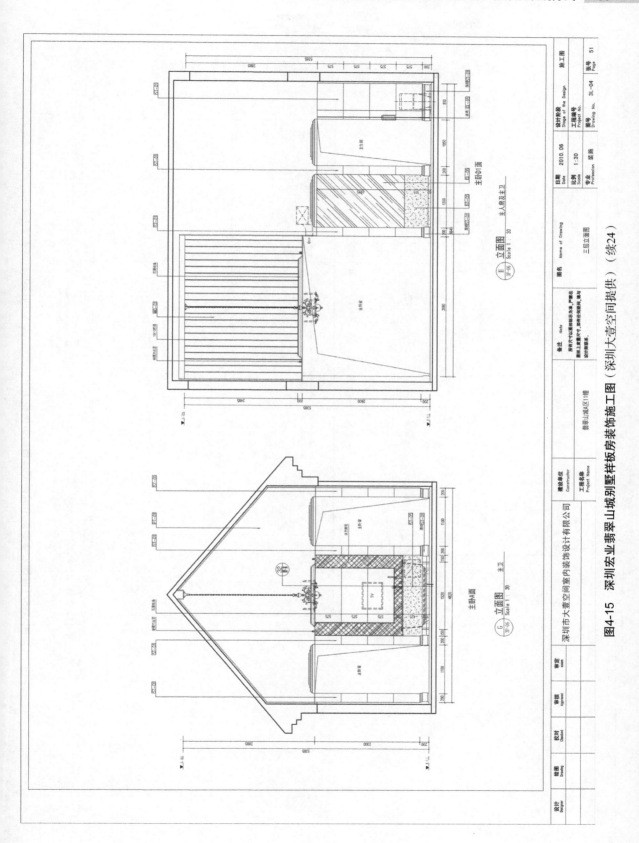

图4-15 深圳宏业翡翠山城别墅样板房装饰施工图（深圳大壹空间提供）（续24）

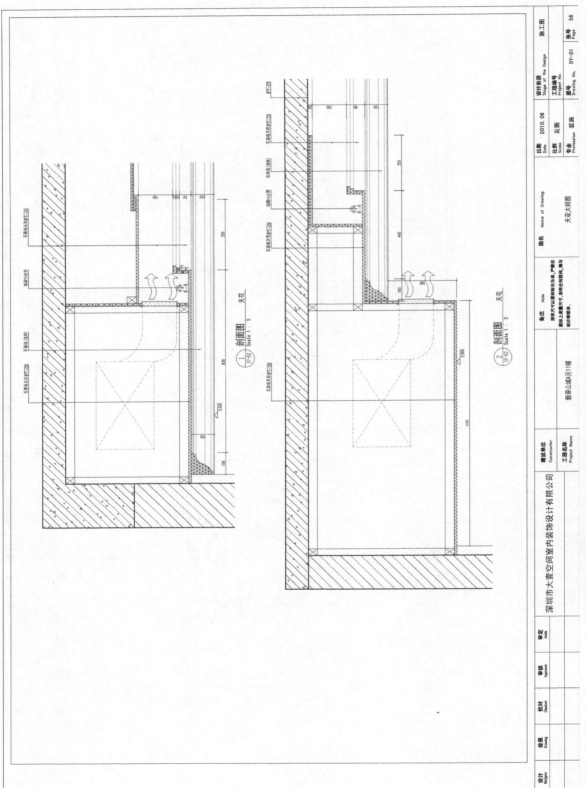

图4-15　深圳宏业翡翠山城别墅样板房装饰施工图（深圳大壹空间提供）（续25）

第5章
室内设计识图与制图

5.1 室内设计制图基本规定

5.1.1 图样幅面及图框规定

室内设计图样幅面分为两种，一种是横式（图5-1），另一种是立式（图5-2、图5-3）。图样幅面大小具体设定应按表5-1及表5-2的规定。

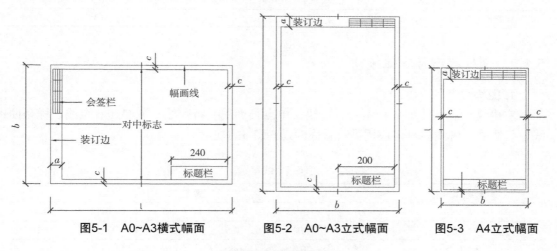

图5-1 A0~A3横式幅面　　　　图5-2 A0~A3立式幅面　　　　图5-3 A4立式幅面

表5-1 幅面及图框尺寸　　　　　　　　　　　　　　（单位：mm）

尺寸代号 ＼ 幅面代号	A0	A1	A2	A3	A4
$b \times l$	841×1189	594×841	420×594	297×420	210×297
c	10			5	
a	25				

表5-2 图样长边加长尺寸　　　　　　　　　　　　（单位：mm）

幅面尺寸	长边尺寸/mm	长边加长后的尺寸/mm
A0	1189	1486　1635　1783　1932　2080　2230　2378
A1	841	1051　1261　1471　1682　1892　2102
A2	594	743　891　1041　1189　1338　1486　1635　1783　1932　2080
A3	420	630　841　1051　1261　1471　1682　1892

注：有特殊需要的图样，可采用 $b \times l$ 为841mm×891mm与1189mm×1261mm的幅面。

图框中标题栏与会签栏的制图应按图5-4所示（括号内表示可选择的另一尺寸）。

涉外的工程，在标题栏内的中文下方应附有译文，设计单位的名称处除填写设计单位名称外，应在上方或左方表明"中华人民共和国"字样。

图5-4 标题栏　　　　　　　　　　　图5-5 会签栏

图框中会签栏的尺寸为100mm×20mm，制图规定按图5-5所示。会签栏可增设也可不设，多个会签栏应并列排放。

图框线框的绘制规定见表5-3。

表5-3 图框线、标题栏线的宽度 （单位：mm）

幅面代号	A0、A1	A2、A3、A4
图 框 线	1.4	1.0
标题栏外图框线	0.7	0.7
标题栏分格线、会签栏线	0.35	0.35

5.1.2 图样线型及字体规定

1. 图样线型

室内设计制图线型包括实线、虚线、单点长划线、折断线、波浪线、点线、样条曲线、云线等，各线型具体应用需符合表5-4及表5-5的规定。

表5-4 线宽组 （单位：mm）

线 宽 比	线 宽 组					
b	2.0	1.4	1.0	0.7	0.5	0.35
$0.5b$	1.0	0.7	0.5	0.35	0.25	0.18
$0.25b$	0.5	0.35	0.25	0.18	–	

注：1. 需要微缩的图样，不宜采用0.18mm及更细的线宽。
　　2. 同一张图样内，各个不同线宽组中的细线，可统一采用较细的线宽组的细线。

表5-5 常用线型 （单位：mm）

名 称		线 型	线 宽	一般用途
实 线	粗	——	b	1. 平、剖面图中被剖切的主要建筑构造和装饰装修构造的轮廓线 2. 建筑室内装饰装修立面图的外轮廓线 3. 建筑室内装饰装修构造详图中被剖切的轮廓线 4. 建筑室内装饰装修详图中的外轮廓线 5. 平、立、剖面图的剖切符号 （注：地平线线宽可用1.5b，图名线线宽可用2b）
	中	——	$0.5b$	平面图、剖立面图中除被剖切轮廓线外的可见物体轮廓线
	细	——	$0.25b$	图形图例的填充线、尺寸线、尺寸界线、索引符号、标高符号、引出线等

（续）

名　　称		线　　型	线　宽	一般用途
虚线	中	— — — —	0.5b	1. 表示被遮挡部分的轮廓线 2. 表示平面中上部的投影轮廓线 3. 预想放置的建筑或装修的构件 4. 运动轨迹
	细	— — — —	0.25b	表示内容与中虚线相同，适合小于0.5b的不可见轮廓线
单点长画线		— · — · —	0.25b	中心线、对称线、定位轴线
折断线		——∿——	0.25b	不需要画全的断开界线
波浪线		∿∿∿	0.25b	1. 不需要画全的断开界线 2. 构造层次的断开界线
点　　线		··············	0.25b	制图需要的辅助线
样条曲线		～	0.25b	1. 不需要画全的断开界线 2. 制图需要的引出线
云　　线		☁	0.25b	1. 圈出需要绘制详图的图样范围 2. 材料标注

　　图样绘制时可根据图样的复杂程度与比例大小，先选定基本线宽 b 的大小，再从表5-4中选用对应的线宽组。一套图样，应选用相同的线宽组。

　　在室内设计绘制线型时，还应注意以下几点：

　　1）相互平行的线，其间隙不小于其粗线宽度，且不宜小于0.7mm。

　　2）当绘制单点长画线或双点长画线时，若图形较小，绘制有困难，则可用实线代替。

　　3）单点长画线或双点长画线交接时，交接处应是线段，不应是点。

　　4）虚线为实线的延长线时，不得与实线连接。

　　5）图线不宜与文字、数字或符号重叠，不可避免时，应保证文字、数字或符号的清晰。

2. 字体规定

　　室内设计制图的字体大小应按表5-6的规定。如需书写超过20mm高的字体时，应按2的比值递增。例如：28mm（14mm×2），40mm（20mm×2）。

　　图样中的汉字应采用长仿宋体，大标题、图册封面、地形图等的汉字，也可书写成其他字体。

　　图样中拉丁字母、阿拉伯数字与罗马数字字高应不小于2.5mm。如写成斜体字，其斜度应是从字的底线逆时针向上倾斜75°。

表5-6　长仿宋体字高宽关系　　　　　　　　　　　　　　（单位：mm）

字　　高	20	14	10	7	5	3.5
字　　宽	14	10	7	5	3.5	2.5

5.1.3　图名编号

室内设计制图中，图名的类别有平面图、地面铺装图、顶棚平面图、家具布置图、索引图、立面图、剖面图、详图等。当图样内容复杂时，应进行图名编号。

图名编号由图名、比例及基准线组成（图5-6）。当图样被引出时，图名编号则由索引符号、图名、比例及基准线组成（图5-7）。

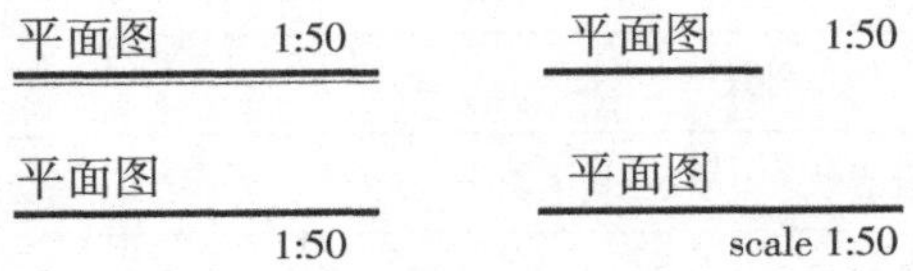

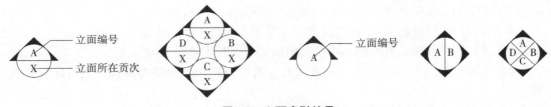

图5-6　图名编号（一） 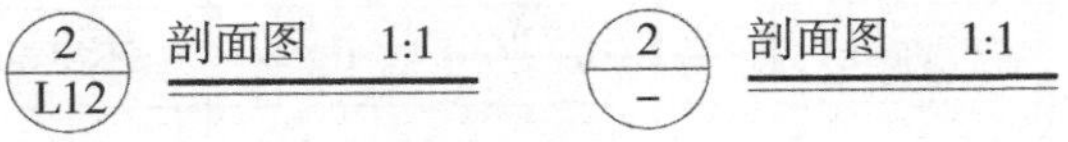　　　　　　　　　　图5-7　图名编号（二）

1. 索引符号

索引符号根据用途不同可分为立面索引符号、剖切索引符号、详图索引符号（图5-8~图5-10）。索引符号中的圆与水平直径应用细实线绘制，圆的直径可选择8~12mm。上半圆中用阿拉伯数字或字母标出立面编号、剖面编号或详图编号，下半圆中标出立面所在图样编号及详图所在图样编号。如在同一张图样内，则下半圆中用一段水平细实线表示。

图5-8　立面索引符号

立面索引符号和剖切索引符号的三角形箭头代表投视方向，三角形方向随投视方向而变，但圆中水平直线、数字及字母的方向不变，自图样上部方向起按平面图中的顺时针方向排序（图5-8）。

图5-9　剖切索引符号

a）本页索引方式　　　b）整页索引方式　　　c）不同页索引方式　　　d）标准图索引方式

图5-10　详图索引符号

2. 图名及比例

图名应标明图样内容，越详细越好。

室内设计制图的比例应根据图样内容及复杂程度选取。不同部位、不同阶段、图幅大小不同的图样选择的比例不同。比例大小的选择应按表5-7、表5-8的规定。

比例应注写在图名的右侧或右侧下方。比例的字高应该比图名的字高小一号或二号（图5-6）。

表5-7 常用及可用的图样比例

常用比例	1：1、1：2、1：5、1：10、1：20、1：25、1：50、1：75、1：100、1：150、1：200、1：250
可用比例	1：3、1：4、1：6、1：8、1：15、1：30、1：35、1：40、1：60、1：70、1：80、1：120、1：300、1：400、1：500

表5-8 各部位常用图样比例

比 例	部 位	图样内容
1：200~1：100	总平面、总顶面	总平面布置图、总顶棚平面布置图
1：100~1：50	局部平面、局部顶棚平面	局部平面布置图、局部顶棚平面布置图
1：100~1：50	不复杂的立面	立面图、剖面图
1：50~1：30	较复杂的立面	立面图、剖面图
1：30~1：10	复杂的立面	立面放样图、剖面图
1：10~1：1	平面及立面中需要详细表示的部位	详图

5.1.4 指北针

指北针的形状如图5-11所示，应绘制在首层平面图上，并放在明显位置。若无首层平面图时，应绘制在最低层平面图上。

指北针用细实线绘制，其圆的直径宜为24mm，指北针指针尾部的宽度为3mm，若需要绘制较大直径的指北针时，其指针尾部宽度应为直径的1/8。指北针的指针头部应注"北"或"N"字。

图5-11 指北针

5.1.5 定位轴线

平面图上定位轴线用细点画线绘制，应标注在图样的下方与左侧。轴线端部绘制圆，圆直径为8~10mm，圆心应在定位轴线的延长线上或延长线的折线上。圆内注写定位轴线的编号。横向编号应用阿拉伯数字，从左至右顺序编写，竖向编号应用大写拉丁字母，从下至上顺序编写（图5-12）。拉丁字母的I、O、Z不得用做轴线编号。如字母数量不够使用，可增

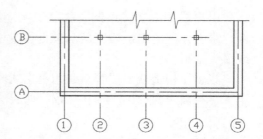

图5-12 定位轴线的编号顺序

用双字母或单字母加数字注脚，如AA、BA…YA或A1、B1…Y1。

组合较复杂的平面图中定位轴线也可采用分区编号（图5-13），编号的注写形式应为"分区号——该分区编号"。分区号采用阿拉伯数字或大写拉丁字母表示。

圆形平面图的定位轴线编号，其径向轴线应用阿拉伯数字表示，从左下角开始，按逆时针顺序编写。圆周轴线用大写拉丁字母表示，从外向内顺序编写（图5-14）。

折线形平面图的定位轴线编号应按图5-15的形式编写。

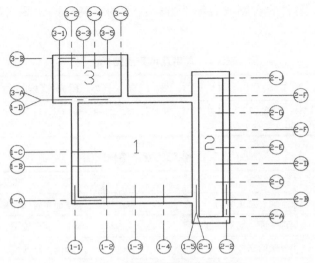

图5-13　定位轴线的分区编号

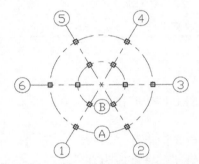

图5-14　圆形平面定位轴线的编号

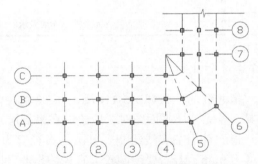

图5-15　折线形平面定位轴线的编号

5.1.6　引出线

引出线用细实线绘制，文字说明应注写在水平线的上方，也可注写在水平线的端部。索引详图的引出线应与水平直径线相连接（图5-16）。引出线起止符号可采用圆点或箭头绘制。

当多层构造或多层管道共用引出线时，应按图5-17绘制。文字说明注写的顺序由上至下，与被说明的层次相互一致。如层次为横向排序，则由上至下的说明顺序应与左至右的层次相互一致。

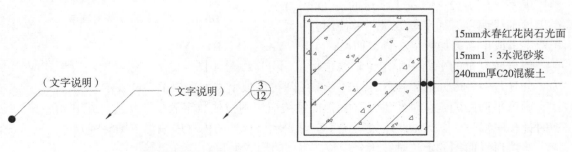

图5-16　引出线起止符号　　　　　　图5-17　共用引出线示意

5.1.7 各种符号绘制

1.标高符号

室内设计制图应标注室内空间的相对标高，平面图、顶棚图及其详图的标高应标注装饰装修完成面的标高。以楼地面装饰完成面为±0.00。正数标高不注"+"，负数标高应注"-"。例如3.20、-0.20。标高符号的绘制应按图5-18所示形式绘制。标高符号可采用直角等腰三角形表示，也可采用涂黑的三角形或90°对顶角的圆。总平面图室外地坪标高符号，宜用涂黑的三角形表示。

标高符号的三角形尖端应指向被注高度的位置。尖端方向可向上，也可向下。标高数字以米为单位，注写到小数点以后第三位。在总平面图中，可注写到小数字点以后第二位。标高数字注写在标高符号的左侧或右侧（图5-19）。

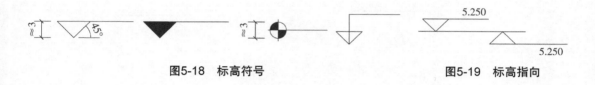

图5-18 标高符号 　　　　　　图5-19 标高指向

2. 剖切符号

剖视的剖切符号应由剖切位置线、投射方向线及编号组成，应以粗实线绘制。剖切位置线的长度宜为6~10mm；投射方向线垂直于剖切位置线，长度为4~6mm，短于剖切位置线。编号采用阿拉伯数字，按顺序由左至右、由下至上连续编排，并应注写在剖视方向线的端部。需转折的剖切位置线，应将编号加注在转角的外侧（图5-20）。

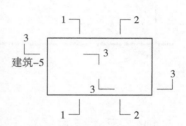

图5-20 剖视的剖切符号

断面的剖切符号应由剖切位置线及编号组成，应以粗实线绘制。剖切位置线的长度宜为6~10mm。编号采用阿拉伯数字，按顺序由左至右、由下至上连续编排，标在剖切位置线一侧，也表示该断面的剖视方向（图5-21）。

3. 对称符号

对称符号由对称线和分中符号组成。对称线用细单点长划线绘制，分中符号用细实线绘制。分中符号可采用两对平行线或英文缩写来表示。采用平行线为分中符号，其长度为6~10mm，每对的间距宜为2~3mm，对称线两端超出平行线宜为2~3mm。采用英文缩写为分中符号时，大写英文CL置于对称线一端（图5-22）。

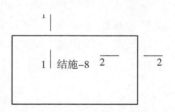

图5-21 断面的剖切符号

4. 连接符号

连接符号采用折断线或波浪线表示需连接的部位。两部位相距过远时，连接符号两端靠图样一侧用大写拉丁字母表示连接编号。两个被连接的图样必须用相同的字母编号（图5-23）。

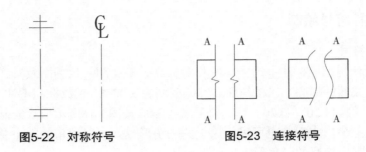

图5-22   对称符号   图5-23   连接符号

5. 转角符号

转角符号是垂直线连接角度交叉线，并在角度交叉线内加注角度符号，表示立面的转折角度（图5-24）。

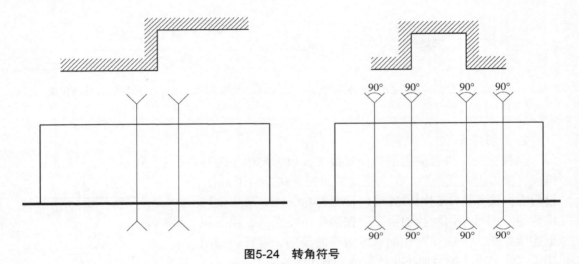

图5-24   转角符号

5.1.8   尺寸标注

室内设计制图图样上的尺寸标注是必不可少的。它包括尺寸界线、尺寸线、尺寸起止符号和尺寸数字（图5-25）。

尺寸界线用细实线绘制，通常与被注图样长度线垂直。一端应离开图样轮廓线不小于2mm，另一端应超出尺寸线2~3mm。图样轮廓线可用作尺寸界线（图5-26）。

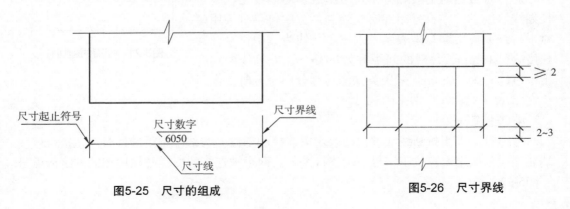

图5-25   尺寸的组成   图5-26   尺寸界线

1. 直线的尺寸标注

尺寸起止符号用中粗斜短线绘制，与尺寸界线成顺时针45°角，长度为2~3mm。

尺寸数字的标注方向，应按图5-27的规定绘制。若尺寸标注倾斜的角度在图5-27的30°斜线内，应采用图5-28的尺寸数字绘制方向注写，即采用水平绘制。尺寸数字应依据其方向注写在靠近尺寸线的上方中部。若没有足够的位置注写，则可按图5-29的绘制方式，最外侧的尺寸标注的数字可注写在尺寸界线的外侧，中间的尺寸数字可相邻错开注写。

尺寸应标注在图样轮廓外，不与图线、文字及符号等相交（图5-30）。若图样较复杂、尺寸标注较多，可根据需要将定位尺寸及细部尺寸标注在图样内相应的位置。

互相平行的尺寸线，应从图样轮廓线由近向远整齐排列，较小尺寸应离轮廓线较近（图5-31）。

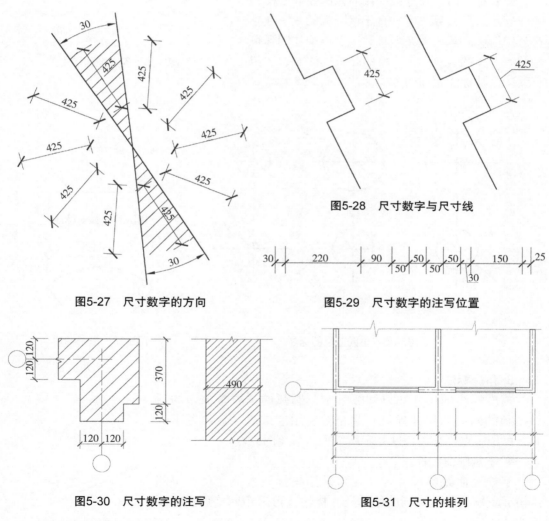

图5-27　尺寸数字的方向　　　　图5-28　尺寸数字与尺寸线

图5-29　尺寸数字的注写位置

图5-30　尺寸数字的注写　　　　图5-31　尺寸的排列

2. 圆及圆弧的尺寸标注

半圆及圆弧的尺寸标注可一端从圆心开始，另一端画箭头指向圆弧。尺寸数字前加注半径符号"*R*"（图5-32~图5-34）。

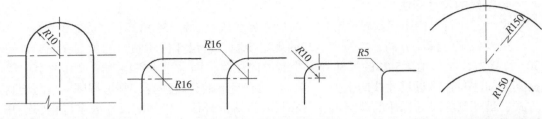

图5-32 半径标注方法　　　　图5-33 小圆弧半径标注　　　　图5-34 大圆弧半径标注

圆的直径进行尺寸标注时，应在直径尺寸数字前加注直径符号"ϕ"，并按图5-35、图5-36绘制。

弧长标注时，尺寸线应用与该圆弧同心的圆弧线表示，尺寸界线应垂直于该圆弧的弦，起止符号用箭头表示，并在弧长数字上方加注圆弧符号"⌒"（图5-37）。圆弧的弦长标注时，按与直线的尺寸标注相同的方式标注（图5-38）。

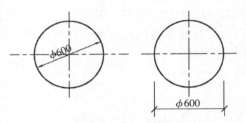

图5-35 圆直径的标注

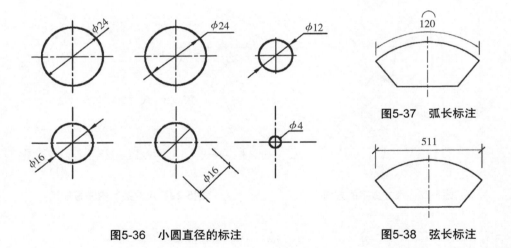

图5-36 小圆直径的标注

图5-37 弧长标注

图5-38 弦长标注

3. 角度标注

角度标注的尺寸线以圆弧表示。圆弧的圆心是该角的顶点，角的两边为尺寸界线，起止符号用箭头表示。位置不够时，可用圆点代替，角度数字应水平注写（图5-39）。

4. 不规则曲线标注

不规则曲线的尺寸标注，可采用坐标形式标注尺寸（图5-40）。复杂的不规则曲线的尺寸标注，可采用网格形式标注尺寸（图5-41）。

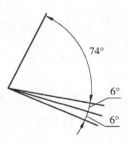

图5-39 角度标注

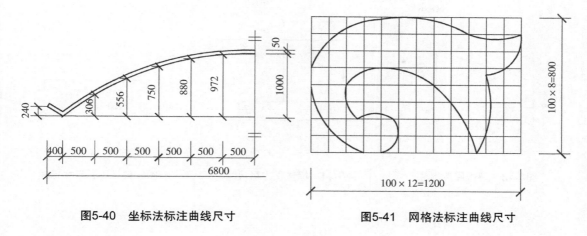

图5-40　坐标法标注曲线尺寸　　　　　图5-41　网格法标注曲线尺寸

5. 坡度标注

标注坡度应按图5-42的规定绘制。坡度可采用直角三角形的形式标注，也可采用单面箭头的符号标注。箭头应指向下坡方向，箭线上的百分数表示坡高除以水平距离乘上100%；箭线上的1:2表示坡高:水平距离。

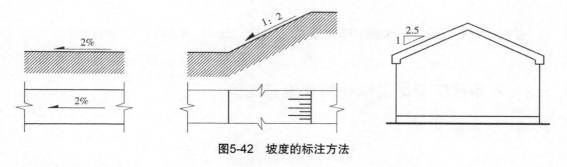

图5-42　坡度的标注方法

6. 其他标注

1）立面图、剖面图及其详图中垂直方向尺寸不易标注时，可在相应位置用标高表示。

2）在薄板板面标注板厚时，可在尺寸标注的厚度数字前加注厚度符号"t"（图5-43）。

3）在剖面图及其详图中标注另一垂直的正方形剖切面的尺寸时，可用"边长×边长"的形式，也可在长度数字前加正方形符号"□"（图5-44）。

4）连续排列的等长的尺寸标注，可采用图5-45的规定，以"个数×等长尺寸=总长"的形式标注。

5）若图样的构造相同，可仅标注其中一个要素的尺寸（图5-46）。

6）若图样采用对称画法，整体尺寸线应超过对称符号，且仅画一端的起止符号（图5-40）。

7）相似构件的图样标注，可按图5-47的方式绘制。括号内为另一相似构件的尺寸数字。相似构件的名称也应注写在名称相应的括号内。若相似构件超过两个，构件构造相似，只是尺寸大小变化，则可按图5-48的方式绘制。

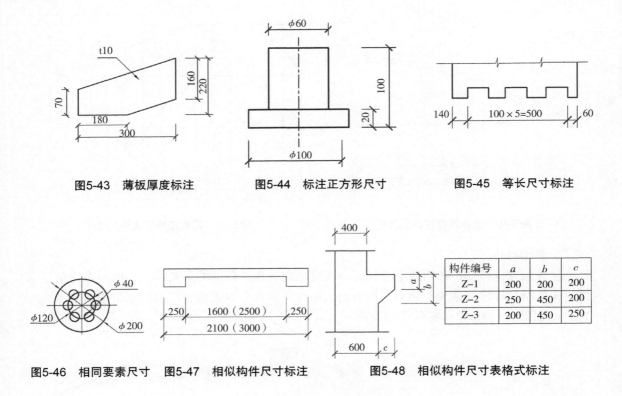

图5-43 薄板厚度标注　　　　　图5-44 标注正方形尺寸　　　　　图5-45 等长尺寸标注

构件编号	*a*	*b*	*c*
Z-1	200	200	200
Z-2	250	450	200
Z-3	200	450	250

图5-46 相同要素尺寸　　图5-47 相似构件尺寸标注　　　　图5-48 相似构件尺寸表格式标注

5.2 常用建筑装饰装修材料和设备图例

5.2.1 一般规定

常用建筑材料的图例画法，对其尺度比例不限定。使用时，应根据图样大小而定。两个相同的图例相接时，图例线宜错开或使倾斜方向相反（图5-49）。需画出的建筑材料图例面积过大时，可在断面轮廓线内，沿轮廓线做局部表示（图5-50）。

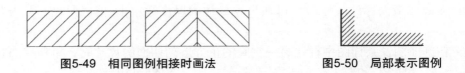

图5-49 相同图例相接时画法　　　　　图5-50 局部表示图例

5.2.2 材料图例

选用下列表格中未包括的建筑材料时，可自编图例。但不得与下列表格中所列的图例重复。绘制时，应在适当位置画出该材料图例，并加以说明。

1. 常用建筑装饰装修材料图例

常用建筑装饰装修材料图例应按表5-9的规定绘制。

表5-9 常用建筑装饰装修材料图例

序　号	名　　称	图　　例	备　　注
1	夯实土壤		——————
2	砂砾石碎砖三合土	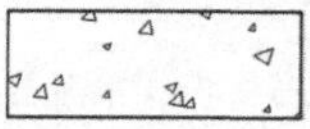	——————
3	大理石		——————
4	毛　石	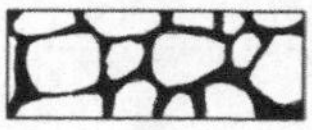	必要时注明石料块面大小及品种
5	普通砖	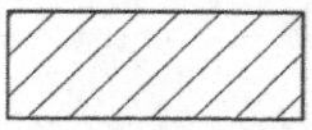	包括实心砖、多孔砖、砌块等砌体 断面较窄不易绘出图例线时，可涂黑
6	轻质砌块砖	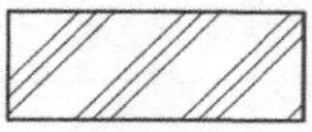	是指非承重砖砌体
7	轻钢龙骨纸面石膏板隔　墙	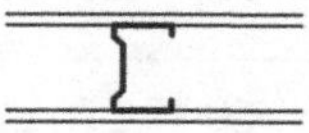	注明隔墙厚度
8	饰面砖		包括铺地砖、陶瓷锦砖等
9	混凝土	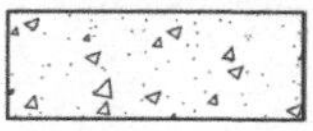	1. 是指能承重的混凝土及钢筋混凝土 2. 各种强度等级、骨料、添加剂的混凝土
10	钢筋混凝土		3. 在剖面图上画出钢筋时，不画图例线 4. 断面图形小，不易画出图例线时，可涂黑
11	多孔材料	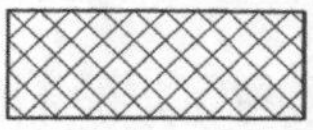	包括水泥珍珠岩、沥青珍珠岩、泡沫混凝土、非承重加气混凝土、软木、蛭石制品等
12	纤维材料	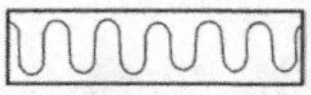	包括矿棉、岩棉、玻璃棉、麻丝、木丝板、纤维板等
13	泡沫塑料材料	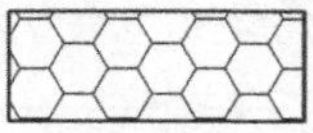	包括聚苯乙烯、聚乙烯、聚氨酯等多孔聚合物类材料
14	密度板		注明厚度
15	实　木	  （立面）	1. 上图为垫木、木砖或木龙骨，表面为粗加工 2. 下图木制品表面为细加工 3. 所有木制品在立面图中能见到细纹的，均可采用下图例
16	胶合板	 （小尺度比例） 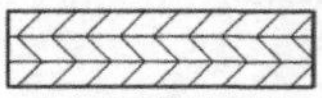 （大尺度比例）	注明厚度、材种
17	木工板	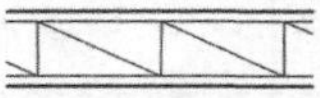	注明厚度
18	饰面板	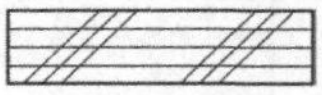	注明厚度、材种

（续）

序 号	名 称	图 例	备 注
19	木地板	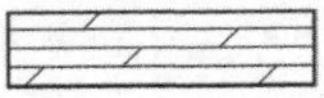	注明材种
20	石膏板	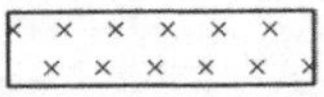	1. 注明厚度 2. 注明纸面石膏板、布面石膏板、防火石膏板、防水石膏板、圆孔石膏板、方孔石膏板等品种名称
21	金 属	 	1. 包括各种金属，注明材料名称 2. 图形小时，可涂黑
22	玻璃砖	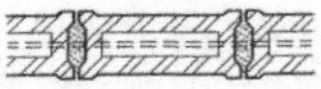	1. 为玻璃砖断面 2. 注明厚度
23	橡 胶		注明天然或人造橡胶
24	玻璃、镜面	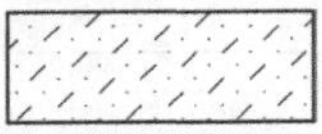	为玻璃、镜子立面，应注明材质、厚度
25	塑 料	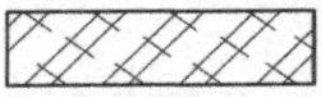	包括各种软、硬塑料及有机玻璃等，应注明厚度
26	地 毯	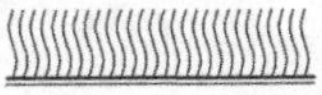	为地毯剖面，应注明种类
27	粉 刷	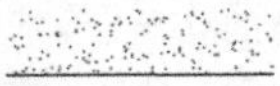	采用较稀的点
28	窗 帘	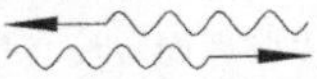	箭头所示为开启方向

2. 常用建筑构造、装饰构造、配件图例

常用建筑构造、装饰构造、配件图例应按表5-10的规定绘制。

表5-10　常用建筑构造、装饰构造、配件图例

序 号	名 称	图 例	备 注
1	检查孔	 	左图为明装检查孔，右图为暗藏式检查孔
2	孔 洞	 	——

3. 常用灯光照明图例

常用灯光照明图例应按表5-11的规定绘制。

表5-11　常用灯光照明图例

序 号	名 称	图 例	序 号	名 称	图 例
1	艺术吊灯	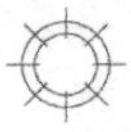	3	射墙灯	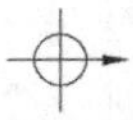
2	吸顶灯		4	冷光筒灯	

（续）

序　号	名　　称	图　例	序　号	名　　称	图　例
5	暖光筒灯		10	600mm×600mm 日光灯盘	（日光灯管以虚线表示）
6	射　灯		11	暗灯槽	
7	轨道射灯		12	壁　灯	
8	格栅射灯		13	水下灯	
9	300mm×1200mm 日光灯盘	（日光灯管以虚线表示）	14	踏步灯	

4. 常用开关、插座图例

常用开关、插座图例应按表5-12的规定绘制。

表5-12　常用开关、插座图例

序　号	名　　称	图　例	序　号	名　　称	图　例
1	插座面板 （正立面）		13	单联单控 翘板开关	
2	电话接口 （正立面）		14	双联单控 翘板开关	
3	电视接口 （正立面）		15	三联单控 翘板开关	
4	单联开关 （正立面）		16	四联单控 翘板开关	
5	双联开关 （正立面）		17	声控开关	
6	三联开关 （正立面）		18	单联双控 翘板开关	
7	四联开关 （正立面）		19	双联双控 翘板开关	
8	地　插　座 （平　面）		20	三联双控 翘板开关	
9	带开关 二三极插座		21	四联双控 翘板开关	
10	普通型 三极插座		22	配电箱	
11	防溅 二三极插座		23	弱电综合 分线箱	
12	三相四极 插座		24	电话分线箱	

5. 常用消防、空调、弱电图例

常用消防、空调、弱电图例应按表5-13的规定绘制。

表5-13　常用消防、空调、弱电图例

序　号	名　称	图　例	序　号	名　称	图　例
1	条形风口		15	电视器件箱	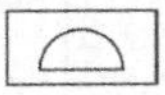
2	回风口	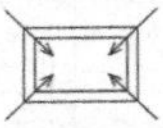	16	电视接口	TV
3	出风口		17	卫星电视出线座	SV
4	排气扇	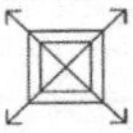	18	音响出线盒	M
5	消防出口	EXIT	19	音响系统分线盒	M
6	消火栓	HR	20	计算机分线箱	HUB
7	喷淋	 ⊙	21	红外双鉴探头	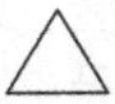
8	侧喷淋		22	扬声器	
9	烟感	S	23	吸顶式扬声器	
10	温感	W	24	音量控制器	
11	监控头		25	可视对讲室内主机	T
12	防火卷帘	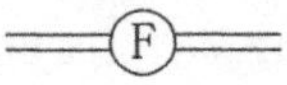 F	26	可视对讲室外主机	
13	计算机接口	C	27	弱电过路接线盒	R
14	电话接口	T	——	——	——

5.3　图样深度

5.3.1　一般规定

1）室内设计的阶段性图样文件包括方案设计图、扩初设计图、施工设计图、变更设计图和竣工图。主要工作内容集中在方案设计图阶段和施工设计图阶段。

2）室内设计制图深度应根据室内设计的阶段性文件要求确定。

5.3.2 方案设计图

方案设计图阶段应根据设计的要求和使用功能特点，结合空间形态特征、建筑的结构状况等，运用技术和艺术的处理手法，表达总体设计思想。

1）方案设计图样包括设计说明书、需要设计的平面图、顶棚（天花）平面图、主要立面图、主要装饰材料表、投资估算书等。

2）设计说明书是方案设计文件的重要组成部分，是对室内总体设计方面的文字叙述，应简洁明了、重点突出。它包含内容有设计的内容和范围、工程基本状况、需解决的关键问题、主要技术经济指标、设计理念方法以及设计具体说明（包含功能、风格、材料、配饰、交通、安全及节能等）。

3）平面图。规模较大的室内装饰装修工程的设计图样应完整详细，包括所设计范围内楼层的总平面图及各房间的平面布置图。

4）方案设计的平面图绘制应符合制图规范，并应符合下列规定：

①标明原建筑图中柱网、承重墙以及需要装饰装修设计的非承重墙、建筑设施、设备。

②标明装饰装修设计后的所有室内外墙体、门窗、管井、电梯和自动扶梯、楼梯和疏散楼梯、平台和阳台等。

③标明房间的名称和主要部位的尺寸，标明楼梯的上下方向。

④标明固定的和可移动的装饰造型、隔断、构件、家具、陈设、厨卫设施、灯具以及其他配置、配饰的名称和位置。

⑤标明门窗、橱柜或其他构件的开启方向和方式。

⑥标注装饰装修材料的品种和规格、标明装饰装修材料的拼接线和分界线等。

⑦标注室内地面设计标高和各楼层的地面设计标高。标注主要平台、台阶、固定台面等有高差处的设计标高。

5）顶棚（天花）平面图的绘制应符合下列规定：

①应与平面图的形状、大小、尺寸等相对应。

②标明照明灯具、防火卷帘、装饰造型以及顶棚上其他装饰配置和饰品的位置，并标注主要尺寸。

③标明顶棚的主要装饰材料、材料的拼接线和分界线等。

④标明顶棚包括凹凸造型、顶棚各位置的设计标高。

6）方案设计的立面图绘制应符合下列规定：

①绘制需要设计的立面，标明装饰完成面的地面线和装饰完成面的顶棚及其造型线，标注装饰完成面的净高和楼层的层高。

②绘制墙面和柱面的装饰装修造型、固定隔断、固定家具、门窗、栏杆、台阶等立面形状和位置，标注主要部位的定位尺寸。

③标注立面装饰装修材料的品种和规格，标明装饰装修材料的拼接线和分界线等。

7）主要装饰材料表。主要装饰材料表的内容一般应有材料名称、规格。

5.3.3 扩初设计图

扩初设计图是以方案设计为基础进行深化设计后绘制的，应满足编制施工图设计文件的需要。

5.3.4　施工设计图

1）施工设计图样应包括图样封面、图样目录、施工说明、平面图、顶棚平面图、立面图、剖面图、详图和主要材料表。

2）施工图设计图样目录。应逐一写明序号、图样名称、图号、档案号、备注等。规模较大的建筑装饰装修工程设计，因图样数量大，可以分册装订，为了便于施工作业，应按楼层或功能分区为单位进行分册编制，但每个编制分册都应包括图样总目录。

3）施工说明。公共建筑的施工说明的主要内容有工程概况、设计依据和施工图设计的说明。

4）施工图的平面图应包括设计楼层的总平面图、各空间的平面布置图、平面定位图、地面铺装图、索引图等。

5）施工图中的总平面图应符合下列规定：

①应能全面反映建筑的室内装饰装修设计部位平面的总体情况，包括功能布局、交通流线、主要设施以及家具、陈设等的摆放位置。

②在图样中注明需要特殊说明的情况。

③标注指北针。

6）施工图中的平面布置图可分为家具布置图、厨卫设备布置图、绿化布置图、局部放大图等。平面布置图应符合下列规定：

①家具布置图应标注固定家具和可移动家具及隔断的位置、布置方向以及柜门或橱门开启方向，同时还应确定家具上电器摆放的位置，如电话、计算机、台灯等，并标注家具的定位尺寸和其他必要的尺寸。

②在规模较小的装饰设计中厨卫设备布置图可以与家具布置图合并。厨卫设备布置图应标明所有洁具、洗涤池、上下水立管、排污孔、地漏、地沟的位置，并注明排水方向、定位尺寸和其他必要尺寸。

③在规模较小的室内装饰装修设计中，绿化布置图可以与家具布置图合并，规模较大的室内装饰装修设计应有绿化布置图，应标明盆景、绿化、草坪、假山、喷泉、踏步和道路的位置，注明绿化品种、定位尺寸和其他必要尺寸。

④标注所需的构造节点详图的索引。

7）施工图中的平面定位图应能表达与原建筑图的关系，体现平面图的定位尺寸。平面定位图应符合下列规定：

①标注室内装饰装修设计中新设计的墙体和管井等的定位尺寸、墙体厚度与材料种类，并注明做法。

②标注室内装饰装修设计中新设计的门窗洞定位尺寸、洞口宽度与高度尺寸、材料种类、门窗编号等。

③标注室内装饰装修设计中新设计的楼梯、自动扶梯、平台、台阶、坡道等的定位尺寸、设计标高及其他必要尺寸，并注明材料及其做法。

④标注固定家具、装饰造型、台面、栏杆等的定位尺寸和其他必要尺寸，并注明材料及其做法。

8）施工图中的地面铺装图应符合下列规定：

①标注地面装饰材料的种类、材料的尺寸、拼接图案、不同材料的分界线及施工做法。

②如果建筑单层面积较大，可单独绘制一些房间和部位的局部放大图，放大的地面铺装图应标明其在原来平面中的位置。

9）施工图中的顶棚平面图应包括装饰装修楼层的顶棚总平面图、顶棚布置图等。施工图中顶棚总平面图的绘制应符合下列规定：

①应全面反映各楼层顶棚平面的总体情况，包括顶棚造型、顶棚装饰、灯具布置、消防设施及其他设备布置等内容。

②应标明需做特殊要求的部位。

10）施工图中顶棚布置图的绘制应符合下列规定：

①顶棚造型布置图应标明顶棚造型、天窗、构件、装饰垂挂物及其他装饰配置和饰品的位置，注明定位尺寸、标高、材料名称和做法。

②顶棚灯具及设施布置图应标注所有明装和暗藏的灯具（包括火灾和事故照明灯具）、发光顶棚、空调风口、喷头、探测器、扬声器、挡烟垂壁、防火卷帘、防火挑檐、疏散和指示标志牌等的位置，标明定位尺寸、材料名称、产品型号和编号及做法。

③如果建筑单层面积较大，可单独绘制一些房间和部位的顶棚布置放大图。放大的顶棚布置图应标明其所在原来的顶棚平面中的位置。

11）施工图中的立面图的绘制应符合下列规定：

①绘制立面左右两端的墙体构造或界面轮廓线、原楼地面至装修楼地面的构造层、顶棚面层装饰装修的构造层。

②标明立面范围内需要设计部位的定位尺寸及细部尺寸。

③对需要特殊和详细表达的部位，可单独绘制其局部立面大样，并标明其索引位置。

12）施工图中的剖面图应标明平面图、顶棚平面图和立面图中需要清楚表达的部位，并标注详细尺寸、标高、材料名称、连接方式和做法。剖切的部位应根据表达的需要确定。

5.3.5　变更设计图

变更设计图样应包括变更原因、变更位置、变更内容（或变更图样）以及变更的文字说明。

5.3.6　竣工图

竣工图的制图深度同施工图，应完整记录施工情况，以满足工程决算、工程维护以及存档的要求。

第6章
设计任务书及设计范例

6.1 设计任务书

6.1.1 居住空间室内设计任务书

1. 设计内容

1）设计题目：为自己设计一套居室。

2）设计条件：公寓楼中的小户型居室，室内平面开间为3680mm，进深为7100mm，层高为5600mm。

3）功能要求：包括起居室、卧室、餐厅、厨房及卫生间等，并结合自己对居室的使用要求适当增减部分功能空间。

2. 设计要求

1）在充分分析建筑与室内空间的现状条件以及住户对居住使用要求的基础上，考虑各功能的分区，组织合理的交通流线，创造出功能合理、舒适宜人的居住空间。

2）各功能空间、交通流线及家具的尺寸与布置应符合人体工程学，设计方案要符合一定的设计规范要求。

3）掌握室内设计各类图样表现的要求和方法。

3. 图样要求

1）A1图样规格，全部手绘制图，各图的比例及排版自定。

2）各层平面布置图、地面铺装图、顶棚平面图各1幅；主要空间的立面图不少于3幅；透视图不少于3幅。

3）功能分析图及简要的设计说明。

4. 时间安排

时间安排共48课时。

6.1.2 餐饮空间室内设计任务书

1. 设计内容

1）设计题目：地方风味餐饮空间室内设计。

2）设计条件：高层建筑中的二层空间，净高为4500mm，梁底高为3900mm，厨房不做设计。

3）功能要求：包括入口门厅、服务台、大厅散座、包间及卫生间等。

4）准备工作：安排学生分组进行餐饮空间实地调研，制作调研报告并进行汇报。

2. 设计要求

1）掌握餐饮空间室内设计的基本原理，要求设计方案在达到良好使用功能的基础上，突出饮食的地域特色和文化内涵。

2）充分利用建筑与室内空间的现状条件，表达餐饮空间的商业氛围，体现作者的设计理念。

3）合理把握对室内界面、家具、陈设、绿化、室内景观、材料、色彩以及室内光环境的塑造，创造出舒适宜人的餐饮环境。

3. 图样要求

1）A1图样规格，表现方式不限，各图的比例及排版自定。

2）各层平面布置图、地面铺装图、顶棚平面图各1幅；主要空间的立面图不少于5幅；透视图不少于4幅。

3）设计过程及分析图，包括构思创意图解、前期的草图、功能分析图及交通流线分析图等。

4）设计说明，阐明设计构思。

4. 时间安排

时间安排共64课时。

6.1.3 专卖店空间室内设计任务书

1. 设计内容

1）设计题目：城市商业步行街上的某品牌专卖店空间室内设计。

2）设计条件：外墙为100mm，柱子为400mm×400mm。以下结构二选一。第一种开间为4200mm，进深为16800mm，前廊进深为3000mm。要求设计为复式，一层层高为5400mm，二层层高为3900mm。第二种开间为8400mm，进深为16800mm，前廊进深为3000mm，层高为5400mm，局部要求设计夹层。

3）功能要求：主要是店面、橱窗、营业厅等主要功能空间以及办公室、库房、卫生间等附属空间。具体的功能空间由于不同专卖店经营的商品类型不同而会有所变化。

4）准备工作：安排学生分组进行专卖店空间实地调研，制作调研报告并进行汇报。

2. 设计要求

1）设计方案要有明确的定位。针对专卖店所经营的不同产品及各款产品的特性、受众人群等因素，分析所适合采用的室内空间形态、界面装修、造型语言、材料灯光、展示方式等设计因素。

2）针对专卖店的经营服务特点，充分考虑使用功能的分区，顾客的观赏距离、行走活动的路线，满足顾客的行为、心理尺度及营业员的服务尺度。

3）要通过设计的语言有效地树立品牌形象，传递品牌信息，展示产品特性和效果。

3. 图样要求

1）A3图样规格，表现方式不限，各图的比例及排版自定。

2）各层平面布置图、地面铺装图、顶棚平面图各1幅；主要空间的立面图不少于8幅；透视图不少于5幅；节点详图不少于2幅。

3）设计过程及分析图，包括构思创意图解、前期的草图、功能分析图及交通流线分析图等。

4）主要的材料样板，家具、灯具及陈设的选型或风格示意图片说明。

5）设计说明，阐明设计构思。

4. 时间安排

时间安排共64课时。

6.1.4 展示空间室内设计任务书

1. 设计内容

1）设计题目：为某品牌公司在市会展中心的参展进行展示设计。

2）设计条件：面积为20~50m²，柱子为600mm×600mm，高度不超过4600mm。四种规格的展位任选其一进行设计：3600mm×6000mm、3000mm×7200mm、6000mm×7200mm、6000mm×6000mm。

2. 设计要求

1）掌握展示空间室内设计的基本原理。针对展示需要，充分考虑各功能分区，组织合理的交通流线。根据展品属性设计展台、展柜及附属设施。

2）设计方案应与展品的宣传点、卖点及品牌推广紧密结合，突出品牌及企业文化。

3）注重展示产品的造型、材质、色彩与墙面、地面及顶棚之间的关系。突出展位的视觉吸引力和冲击力。

3. 图样要求

1）A1图样规格，表现方式不限，各图的比例及排版自定。

2）各层平面布置图、地面铺装图、顶棚平面图各1幅；主要空间的立面图不少于3幅；透视图不少于3幅。

3）设计过程及分析图，包括构思创意图解、前期的草图、功能分析图及交通流线分析图等。

4）设计说明，阐明设计构思。

4. 时间安排

时间安排共32课时。

6.1.5 办公空间室内设计任务书

1. 设计内容

1）设计题目：某装饰工程公司或设计公司的办公空间室内设计。

2）功能要求：门厅、保安室、会议室、接待室、档案室、资料室、复印室、设计室和施工图室、设备部、工程部、项目部、财务部、行政办公室、董事长及总经理办公室、总工程师办公室、法律顾问办公室以及休息区（茶水间）、卫生间等，并根据使用要求适当增减部分功能空间。

3）准备工作：安排学生分组进行办公空间实地调研，制作调研报告并进行汇报。

2. 设计要求

1）掌握办公空间室内设计的基本原理。针对公司的工作特性，充分考虑各功能分区，组织合理的交通流线。充分利用室内空间关系，结合人为效果，创造出合理、舒适、美观的办公环境。

2）设计需满足人体工程学及防火规范等要求。

3. 图样要求

1）A3图样规格，计算机表现，各图的比例及排版自定。

2）各层平面布置图、地面铺装图、顶棚平面图各1幅；主要空间的立面图不少于10幅；透视图不少于5幅；节点详图不少于4幅。

3）设计过程及分析图，包括构思创意图解、前期的草图、功能分析图及交通流线分析图等。

4）主要的材料样板，家具、灯具及陈设的选型或风格示意图片说明。

5）设计说明，阐明设计构思。

4. 时间安排

时间安排共72课时。

6.1.6 酒店空间室内设计任务书

1. 设计内容

1）设计题目：旧办公楼改造为快捷酒店。

2）功能要求：大堂、大堂吧、自助餐厅、客房、行政和员工用房卫生间等。

3）准备工作：安排学生分组进行酒店空间实地调研，制作调研报告并进行汇报。

2. 设计要求

1）设计方案要符合快捷酒店极简、经济、高效、温馨的特点，并体现地域特色的装饰格调。

2）功能分区和交通流线合理，充分考虑室内通风、照明、消防等有关建筑物理方面的要求。

3）充分体现快捷酒店的特点，符合时尚消费潮流，力求以较低的造价获得较好的设计效果。

3. 图样要求

1）A3图样规格，计算机表现，各图的比例及排版自定。

2）各层平面布置图、地面铺装图、顶棚平面图各1幅；主要空间的立面图不少于15幅；透视图不少于8幅；节点详图不少于4幅。

3）设计过程及分析图，包括构思创意图解、前期的草图、功能分析图及交通流线分析图等。

4）主要的材料样板，家具、灯具及陈设的选型或风格示意图片说明。

5）设计说明，阐明设计构思。

4. 时间安排

时间安排共72课时。

6.2 设计范例

6.2.1 居住空间室内设计范例

居住空间室内设计范例如图6-1~图6-5所示。

图6-1 居住空间室内设计范例（一）（设计：董肖秀 指导教师：李洋）

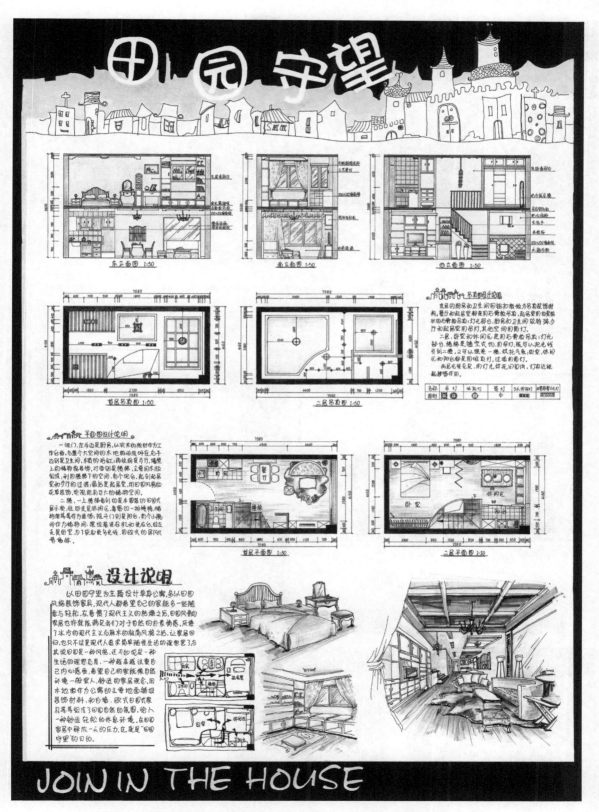

图6-2　居住空间室内设计范例（二）（设计：李小梅　指导教师：李洋）

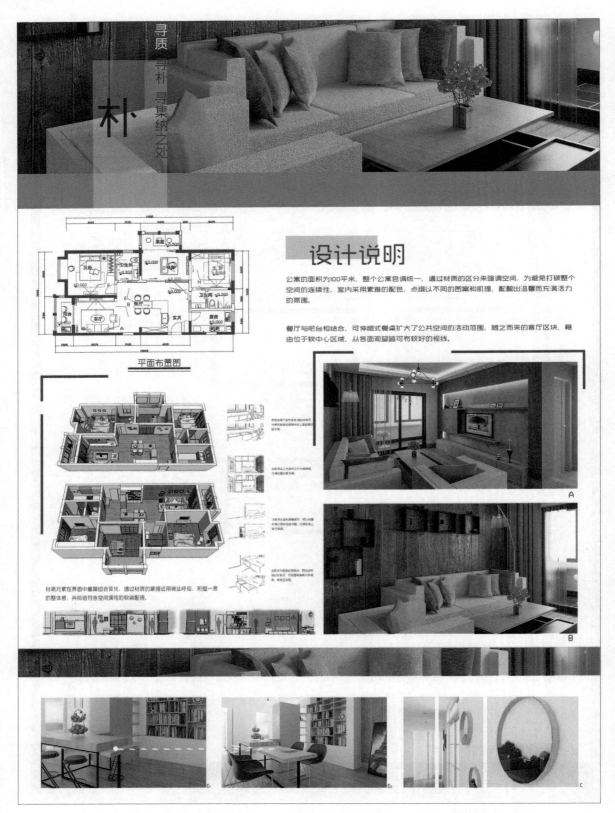

图6-3 居住空间室内设计范例（三）（设计：龚洁 郑勤思 张思怡 指导教师：周健）

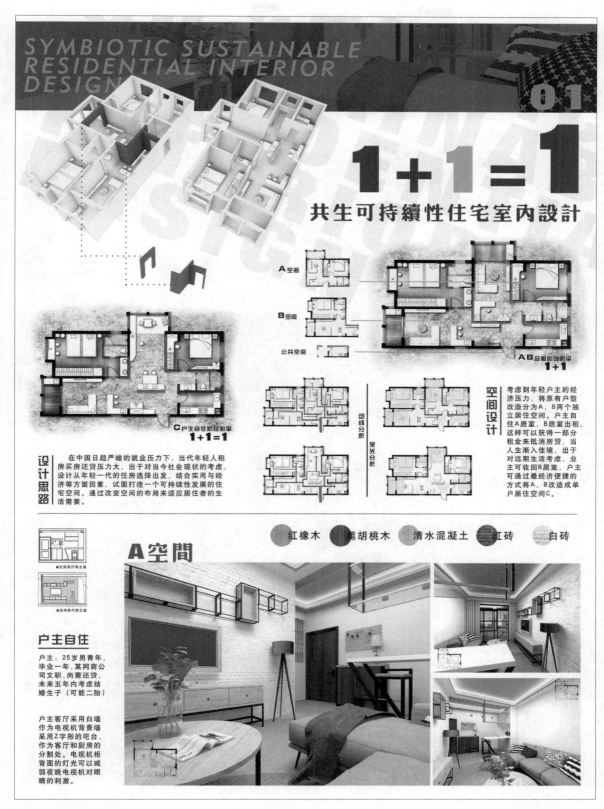

SYMBIOTIC SUSTAINABLE RESIDENTIAL INTERIOR DESIGN

01

1+1=1
共生可持續性住宅室內設計

A空间
B空间
公共空间

AB合租阶段剖面
1+1

C户主自住阶段剖面
1+1

设计思路 在中国日趋严峻的就业压力下，当代年轻人租房买房还贷压力大，出于对当今社会现状的考虑，设计从年轻一代的住房选择出发，结合实用与经济等方面因素，试图打造一个可持续性发展的住宅空间。通过改变空间的布局来适应居住者的生活需要。

动线分析
采光分析

空间设计 考虑到年轻户主的经济压力，将原有户型改造分为A、B两个独立居住空间。户主自住A居室，B居室出租，这样可以获得一部分租金来抵消房贷，当人生渐入佳境，出于对远期生活考虑，业主可收回B居室，户主可通过最经济便捷的方式将A、B改造成单户居住空间C。

● 红橡木　● 黑胡桃木　● 清水混凝土　● 红砖　● 白砖

A空間

A空间客厅南立面图
A空间客厅西立面图

户主自住

户主：25岁男青年，毕业一年，某网商公司文职，尚需还贷，未来五年内考虑结婚生子（可能二胎）

户主客厅采用白墙作为电视机背景墙，采用Z字形的吧台，作为客厅和厨房的分割处。电视机柜背面的灯光可以减弱夜晚电视机对眼睛的刺激。

图6-4 居住空间室内设计范例（四）（设计：黄子鹏 吴沛珈 叶玉杰 王玉豪 周诗怡 指导教师：周健）

图6-4　居住空间室内设计范例（四）（续）

（设计：黄子鹏　吴沛珈　叶玉杰　王玉豪　周诗怡　指导教师：周健）

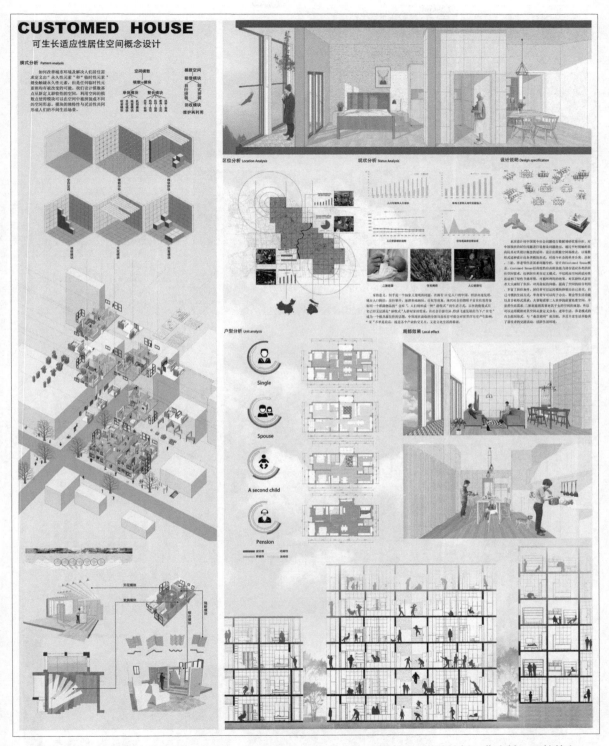

图6-5 居住空间室内设计范例（五）（设计：蒋宇晨 陈少雄 谢皓翔 指导教师：薛小敏 丁榕锋）

6.2.2　餐饮空间室内设计范例

餐饮空间室内设计范例如图6-6，图6-7所示。

图6-6　餐饮空间室内设计范例（一）（设计：洪媛　指导教师：薛小敏　李洋）

H立面图 1:100

I立面图 1:100

A立面图 1:100

B立面图 1:100

顶棚平面图 1:150

自然采光区
人工照明区
工作照明区

采光分析图

室内照明基本上分为自然采光区、人工照明区和工作照明区。布置原则是采用与平面呼应的设计，运用了大量射灯、筒灯以及暗藏灯带对空间进行气氛的渲染。

苗寨人家

02 贵州苗家菜风味餐厅室内设计

——寻求记忆中家的味道

入口效果图

门厅空间效果图

入口墙面装饰采用瓦片叠加；地面借鉴了苗寨传统的织布图案加以简化利用。

服务台效果图

E立面图 1:100

用石膏板写意地表达出不规则的青砖墙，给空间带来别具一格的现代感。

服务台空间效果图

银饰是苗寨的特色之一，空间中运用水晶灯，给空间增添一抹亮点。

豪华包厢效果

包房空间效果图

包间墙面采用青砖墙搭配红色凹槽，体现别样的名族风情。

K立面图 1:100

J立面图 1:100

包房空间效果图

图6-6 餐饮空间室内设计范例（一）（续）（设计：洪媛 指导教师：薛小敏 李洋）

第五空间　福州风味小吃快餐厅室内设计　01

DINNING SPACE INTERIOR DESIGN

设计思维

　　"第五空间"的观点，在点、线、面、空间、时间的概念以外，强调第五度是思想空间，指的是我们在生活中和四维空间的互动以外，还存在着另度非现实的想象和思索的空间。

思考一　现代社会中钢筋、混凝土等建筑材料所营造的空间，生硬、机械、冰冷。所以需要给人温暖、自然的感觉就需要纤维材料的介入。从材料出发，用它作为创作基础，超越材料的束缚，使得材料具有空间生命力，从空间形态出发到材料的多种维度角度进行思考，软性材料的形态、纤维性的独特结构，使得软性材料的表现语言和日常生活中柔性现成品的运用，从而形成了一个富有人文精神的新空间品种。使人在空间中感受到材料的自然可近性和结构的无限包容性所带来的亲切感。

思考二　当下生活，各种压力集中而至，人们的精神被现实的社会所扭曲。用恢复自然状态的方法来减轻人们的心里负担。软材料以其仿生形态与现代大工业的机械形态相对立，所以运用软材料给人们一个休息思考的空间，软材料与空间概念的引入，不仅仅在结构在空间、形态以及形式语言上有所突破，也使得传统的惯性思维得以解放。软质空间的形态和纤维材质的独特结构、软材料的表现语言和日常生活中柔性现成品的运用，推动了富有人与自然和谐关系将生活和自然紧密联系，享受生活和触摸自然，建立在对于自然与生命的观察和感悟。

思考三　在空间中如何使得空间变活起来，赋予它生命的存在。将空间和光影两者相结合，形成了多元性的异变和丰富意义，在特定的光影和环境条件下，空间会换发出另一层生命。"光线"作为材料语言的引入，也是一个突出的审美意象，正是由于光的存在，使空间变得可空与轻盈，透明与飘逸，而因材质的变化而表现为新的视觉语言，以细致微妙的情感来打动着人心，希望通过这样简约纯化且充满诗化的表现手法，在空间和光影中反映出中国的文化气息和精神底蕴。

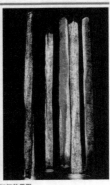

软质材料空间内打灯效果图

设计构思

　　花生是绿色食品。作为本餐厅对象，利用软质材料的亲和力，来表现主体空间。制造一个通过隔断墙体发光的新型设计。来表现一种祥和的安静空间，让人远离城市的喧嚣、远离社会压力。得到一种全身心的放松。来思考人自己的本身。思考生存的意义。

品牌定位　1. 健康、营养的食品　2. 有民族特色风味　3. 回归自然、品味乡土　3. 绿色食品 安全健康

食品定位　1. 主食：花生汤　2. 甜点：年糕、粽子、千层糕　3. 烹饪方式：煮、蒸　4. 饮食特色：绿色健康、滋养调

LOGO形成　LOGO设计，主要将花生作为这个方向进行设计，将它提取变化，最后变成一个像中国印章一样的标志。分别采用红色的花生外壳的形状的剪影，字是使用中国书法的形式进行书写，组合成一个新的设计。

元素分析

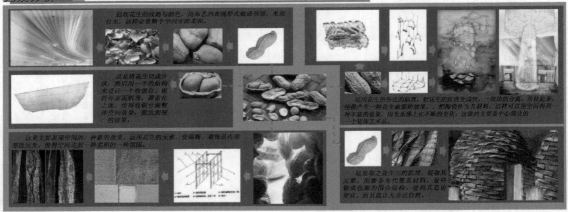

平面形成

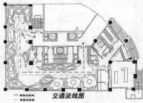

原始平面图

　　原始平面图是"L"形，本设计是快餐厅，主题是"第五空间"这是一个思考的空间，主要饮食是花生汤。是健康绿色食品，主要特色设计是采用软质材料的运用。

将花生随意的布置在空间中，这样可以使花生元素在空间中充分的运用。

将花生剖开，利用花生的线条，使得花生壳外轮廓变成隔断，仁为桌子。运用曲线，使得空间流畅唯美。

两条交通流线，有两个路口，使得客流不会拥挤。

DINNING SPACE INTERIOR DESIGN

图6-7　餐饮空间室内设计范例（二）（设计：吴晓光　指导教师：薛小敏　李洋）

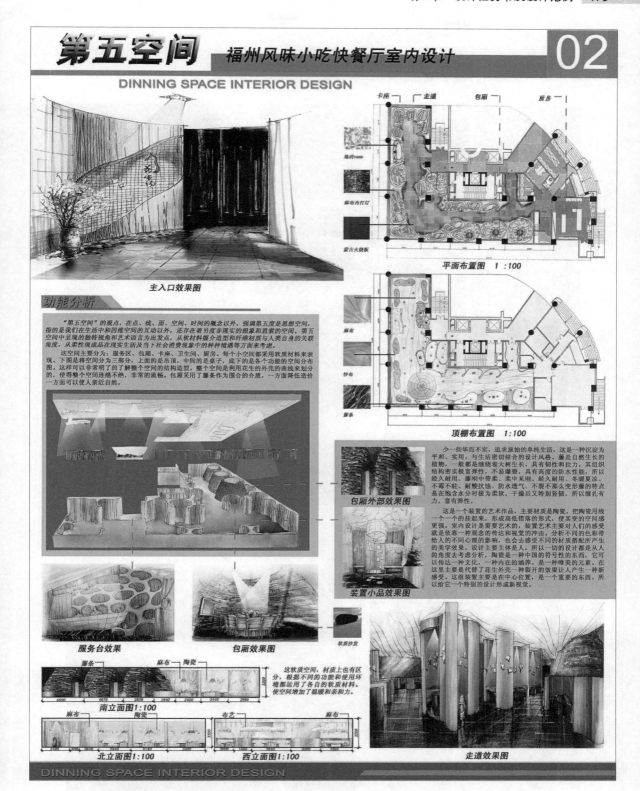

图6-7 餐饮空间室内设计范例（二）（续）（设计：吴晓光 指导教师：薛小敏 李洋）

6.2.3　专卖店空间室内设计范例

专卖店空间室内设计范例如图6-8~图6-11所示。

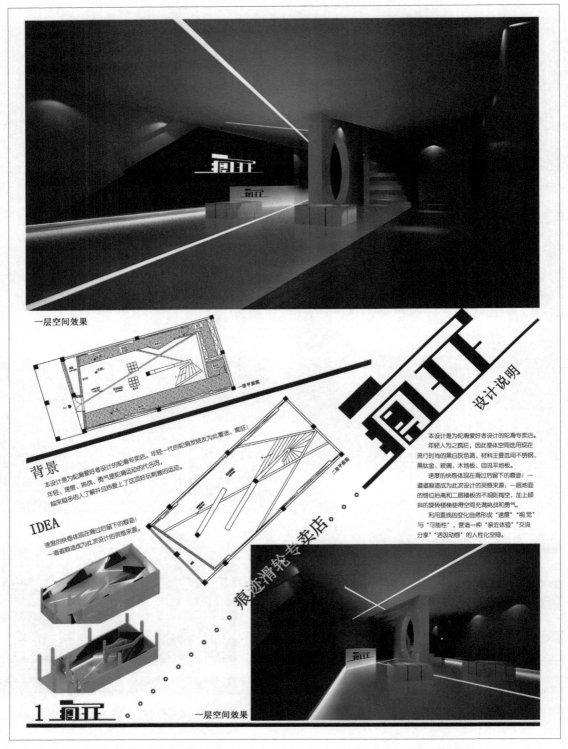

图6-8　专卖店空间室内设计范例（一）（设计：杨秋月　指导教师：马松影　李洋）

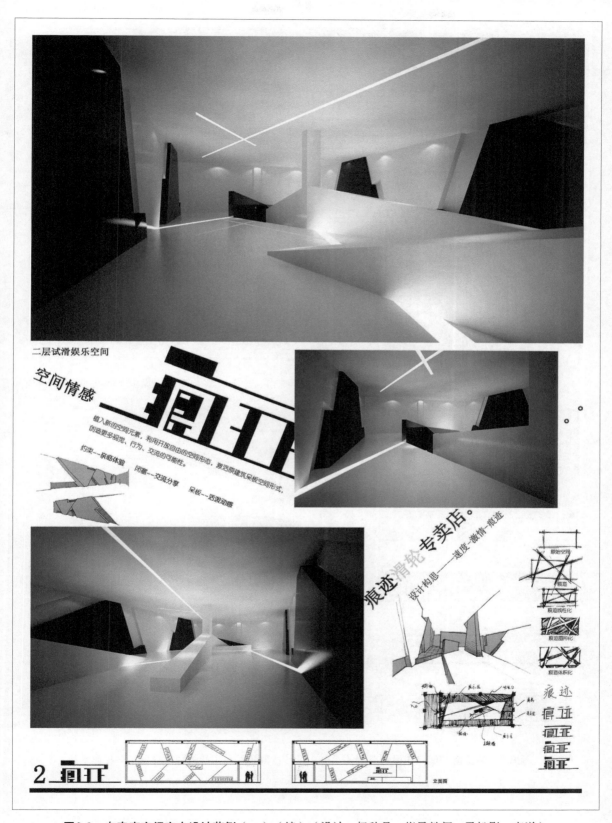

二层试滑娱乐空间

空间情感

植入新的空间元素，利用开放自由的空间形态，激活原建筑呆板空间形式，创造更多观览、行为、交流的可能性。

约束——莅临体验
闭塞——交流分享
呆板——污浊动感

痕迹滑轮专卖店。

设计构思——速度·激情·痕迹

原始空间
痕迹线性化
痕迹面形化
痕迹体积化

痕迹

图6-8 专卖店空间室内设计范例（一）（续）（设计：杨秋月 指导教师：马松影 李洋）

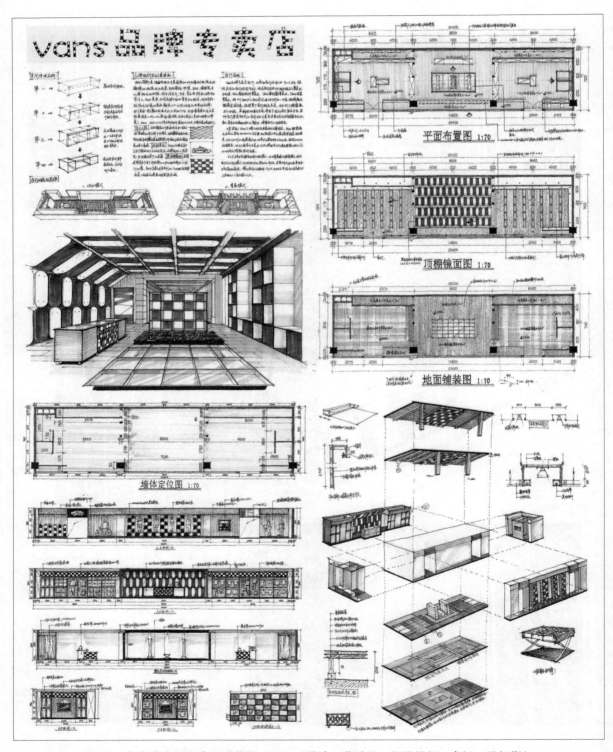

图6-9　专卖店空间室内设计范例（二）（设计：蔡鹏程　指导教师：卓娜　马松影）

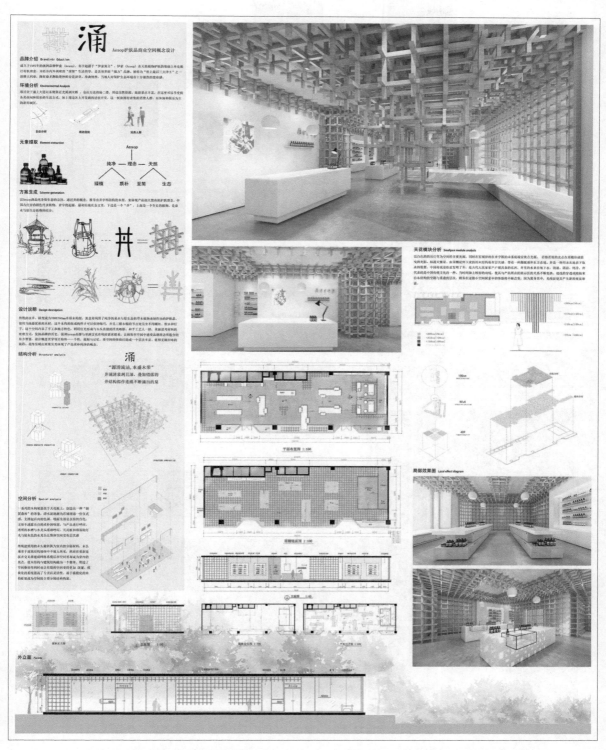

图6-10 专卖店空间室内设计范例（三）（设计：蒋宇晨 指导教师：马松影 卓娜）

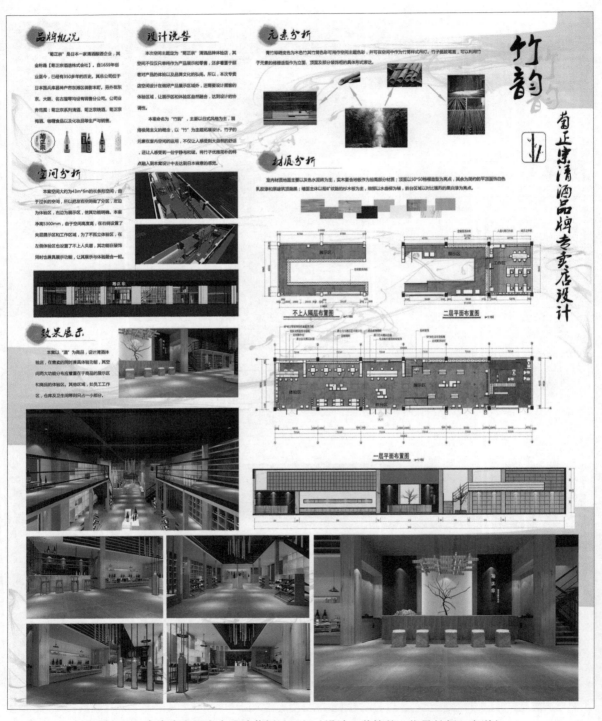

图6-11　专卖店空间室内设计范例（四）（设计：黄檫慧　指导教师：李洋）

6.2.4 展示空间室内设计范例

展示空间室内设计范例如图6-12，图6-13所示。

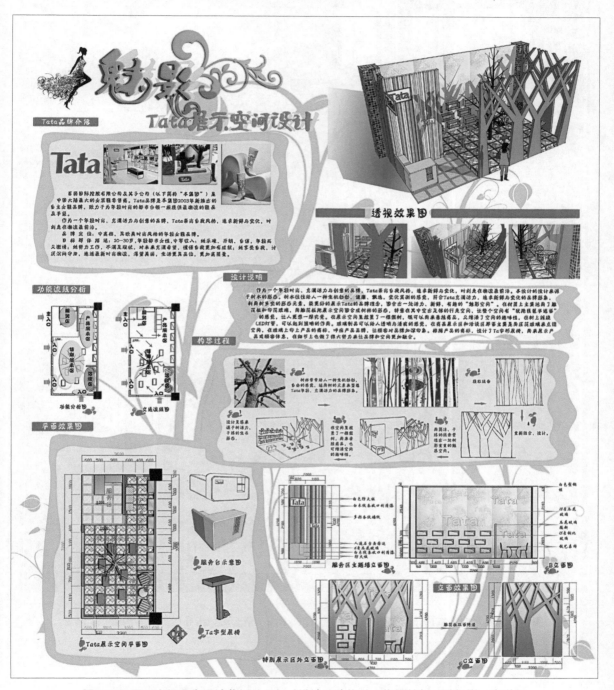

图6-12 展示空间室内设计范例（一）（设计：陈梅兰 指导教师：马松影 李洋）

图6-13　展示空间室内设计范例（二）（设计：李园　董彦敏　指导教师：马松影　李洋）

6.2.5 办公空间室内设计范例

办公空间室内设计范例如图6-14，图6-15所示。

图6-14 办公空间室内设计范例（一）（设计：黄璜 指导教师：马松影 李洋）

（获第五届海峡两岸四地室内设计大赛学生组公装类金奖）

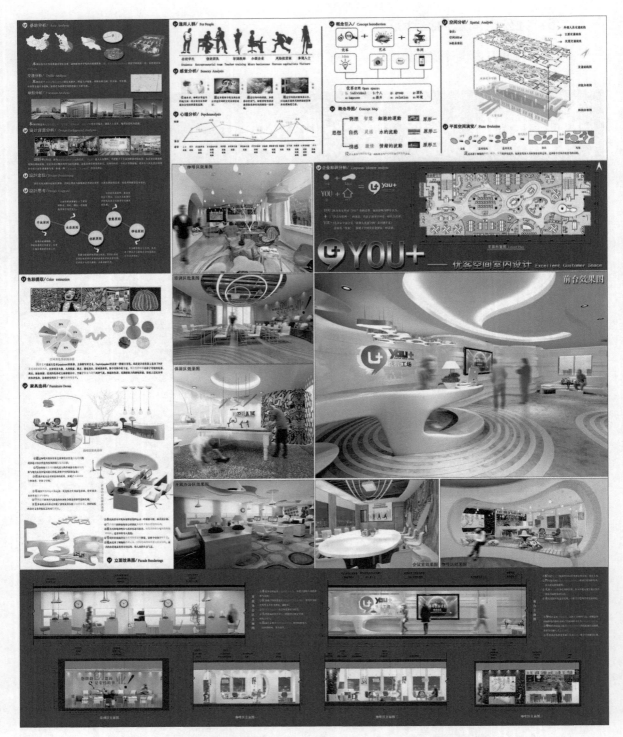

图6-15　办公空间室内设计范例（二）（设计：张娜　指导教师：卓娜）
（获第五届"海峡杯"装饰装修设计大奖赛金奖）

6.2.6 酒店空间室内设计范例

酒店空间室内设计范例如图6-16所示。

南安石脉快捷酒店室内空间设计

地域及人文环境

南安市位于福建东南沿海闽南"金三角"中心区域,地处晋江中游,东接鲤城区、丰泽区、洛江区,东南与晋江市毗邻,南与厦门翔安区的大、小嶝及金门县隔海相望;西南与同安区交界,西通安溪县;北连永春县,东北与仙游县接壤。南安境山峦起伏,河谷、盆地穿插其间。地势西北高,东南低,素有"七山一水二分田"之称。主要河道为东溪和西溪。南安地处亚热带,属南亚热带海洋性季风气候,"四序有花常见闻,一冬无雪却闻雷",南安气候特点的形象数据。

南安是"中国建材之乡"。石材业是南安建材业中的龙头产业,南安矿产资源丰富,已探明储量的矿藏有花岗石、辉绿石、陶瓷土、高岭土、铝土、绢云母、紫砂土、泥煤、钨、锰、铁、铝、铜、钼、水晶、锌、磷等28种。第一大非金属矿藏花岗石,储量约30亿㎡,年开采量约1000万t。其中产于丰州的"峰石"饮誉中外,北京毛主席纪念堂、厦门海海中覆鼎山上郑成功塑像、北京人民大会堂、南京中山陵等重要建筑都采用它。除花岗石外,第二大非金属矿藏高岭土,总储量约8700万t,目前年开采量约50万t。

设计分析

在设计上吸取本地的、民族的、民俗的风格的文化脉络,在具体的设计上不同地域有不同的表现形式。

(1) 符号————————————————以石头的纹理脉络为符号,以透雕、浮雕形式灵活运用。
(2) 颜色————————————————南方山清水秀,粉墙黛瓦。
(3) 材料————————————————就地取材(石)。

设计定位

具有福建南安本土地域特色的快捷酒店。设计从以下几点进行分析:

1)展现地域特色

完全以花岗石为建筑材料的民居构成了泉州沿海民居住宅的独特风貌。由于当地盛产花岗石,所以它理所当然地被作为一种价廉物美的建筑材料而得到广泛的应用。处处精雕细琢,处处流露出泉州人民对石头的特有感情。

2)经济发展优势

南安地形狭长,襟山傍海,风光绮丽,是新兴的海上休闲度假胜地。加上"贸洽会"和"石博会"汇聚的人流、物流、技术流、资金流和信息流,促使闽南建材第一市场的知名度、影响力和辐射力与日俱增,风采倍添。以石会友,让南安石材名闻天下!

设计说明

本方案中重点探讨南安民族地域文化内涵与室内设计的关系。在设计中以装饰符号、装饰色彩和材料来传达南安民族地域特色,延续传统文脉。本案中运用石头的纹理脉络为符号,让观者强烈的感受到了本土气息,将石头的纹理脉络具象化,立体化,在空间中不断的重复使用,是空间富有韵律美。运用花岗石大理石等石材为主要材料。以简约时尚的风格,摒弃繁琐奢华的设计手法,提炼出空间的内涵。

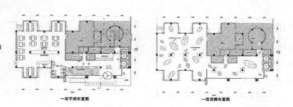

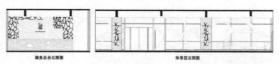

一层平面布置图　　　　一层顶棚布置图

服务总台立面图　　　　休息区立面图

服务总台　　　　休息区

休息区　　　　大堂过道

图6-16　酒店空间室内设计范例(设计:张卫海　指导教师:薛小敏)
(获第七届全国高等美术院校建筑与环境艺术专业教学年会优秀奖)

2

南安石脉快捷酒店室内空间设计

客房效果图

客房平面图

客房平面布置图　　客房地面铺装图　　客房吊顶布置图

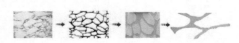

客房A立面图　　　　客房C立面图

概念推导

设计说明

古人云："山无石不奇，水无石不清，园无石不秀，室无石不雅。" 又说："赏石清心，赏石怡人，赏石益智，赏石陶情，赏石长寿。"

质：石质松、软、硬，表层粗糙，无光泽———粗犷美。质地纯正，无杂质，表面光滑、细腻———秀丽美。

形：圆———圆润、光滑之感。正三角造型———对称、均衡、平稳的舒适之感。倒三角形造型———险中求夷的惊奇感。

色：色为意生，意以色存，色、形、意完美统一。

纹：线条节奏明快、富有韵律、变化无穷、妙趣横生。

意：石的造型或图案所含的意境，有的意境深远，给人以遐想；有的明晰，给人以直率；有的博大，给人以开阔；有的含蓄，给人以思维；有的奇谲，给人以启迪。

客房

自助餐厅

休息区

图6-16　酒店空间室内设计范例（续）（设计：张卫海　指导教师：薛小敏）
（获第七届全国高等美术院校建筑与环境艺术专业教学年会优秀奖）

第7章
室内设计初步训练

7.1 训练 1：工程字体

1. 训练目的

工程字体是工程图样的重要组成部分，包括汉字、数字及英文字母。工程字体的训练要求学生熟悉并掌握工程字体的结构运笔特征，以便在今后的手绘室内设计图样中书写。

2. 注意事项

（1）汉字

1）采用长仿宋字体，多用于说明性文字和标题栏。字高与字宽比为3：2。字间距约为字高的1/3或1/4，行距约为字高的1/2或1/3。

2）仿长宋字体的号数以字体高度（单位mm）来表示，分为2.5mm、3.5mm、5mm、7mm、10mm、14mm和20mm七种。

3）仿长宋字体笔画要横平竖直，结构要合乎比例，满型的字体须略小些，笔画少的字体略为大些。

（2）数字和英文字母

1）数字和英文字母可分直体和斜体（即75°）书写。

2）分数、百分数和比例的标注应采用阿拉伯数字和数字符号表示。

3）注意数字的笔画顺序，字体结构由于曲线较多，运笔要光滑圆润。

3. 主要工具

主要工具为铅笔、钢笔。

4. 训练要求

每周一幅A4规格100字的工程字体练习，书写内容可参考图7-1、图7-2。

5. 时间安排

时间安排共8课时。

室内设计一层平面剖断吊顶实例功能建筑制图工具标准比例日期东南西北
指示土作实木油漆树脂装饰陈设植物窗帘布艺项目规格名称单位毫米长宽
高面积尺寸标注轴线定位暗槽操作纱网弹簧瓷砖乳胶漆聚氨酯铝合金轻钢
龙骨浴霸排气扇抽油烟机消毒材质黑胡桃沙比利泰柚水泥砂浆沥青夯实折
断线纤维板编织金属塑料有机玻璃地毯镜子亚克力陶瓷石膏粉刷石材门窗
台阶洞口墙体承重环境防潮仿古隔热棉形状创造客厅大堂玄关阳台房间主
次卧室卫生间厕所厨房储藏工作健身娱乐阅读公寓淋浴衣柜双人床隔断支
撑梁架柱楼梯扶手栏杆走廊集成入口索引符号文字说明方案通风烟道内外
观景遮挡家具贵妇椅沙发餐桌插座电视冰箱空调炉灶抽屉办公文化教育科
技体育休闲医疗酒店展览纪念住宅宿舍影剧院俱乐部卡拉壁橱盥洗烟囱综
合专科风格流派照明烘托采光吸音节奏程序类型卤素荧光色温设备产地现
场施工户型效果良好温馨空间构件色彩模数单元艺术价值自然理性智能效
率健康管理控制结构推拉移动上下左右前后造价预算定额勘察指标投资费

图7-1 工程字体——仿宋字体

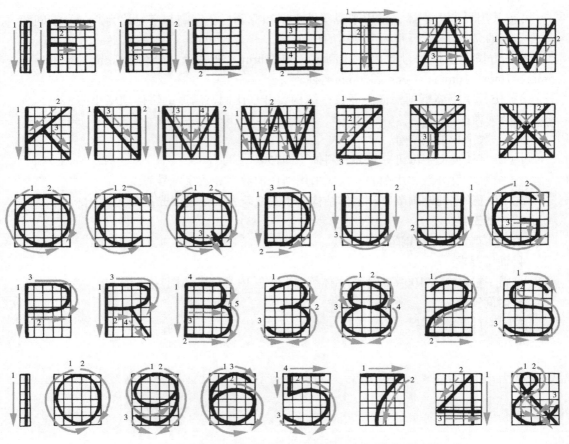

图7-2 工程字体——英文字母及数字的笔画顺序写法

7.2　训练 2：草图字体及 POP 字体

1. 训练目的

草图字体及POP字体所涵盖的书写内容与工程字体相同，主要适合在室内设计快速表现及快题设计中书写。其训练目的是要求学生能够将草图字体及POP字体与手绘草图及版面设计结合起来综合使用。

2.注意事项

1）POP字体多用于标题性文字或插图，有别于说明性的草图字体，可以呈波浪形、弧形等形状，字体力求饱满，富有创意和节奏感。

2）运笔时笔杆倾向笔画前进方向，和纸张成60°书写。

3.主要工具

主要工具为针管笔、马克笔。

4.训练要求

每周一幅A4规格100字的草图字体及POP字体练习，书写内容可参考图7-3、图7-4。

5.时间安排

时间安排共8课时。

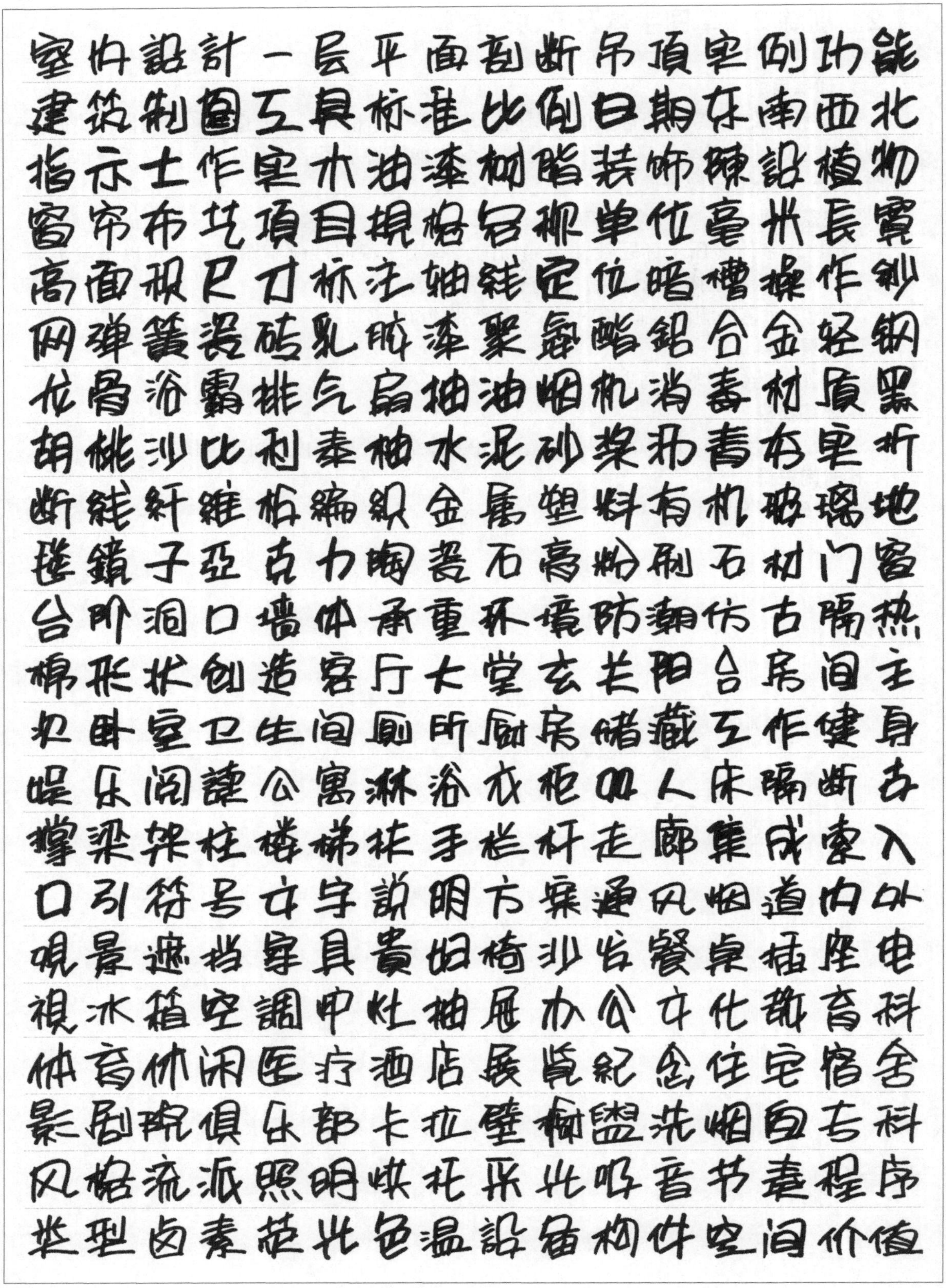

室内设计 一层 平面 剖断 吊顶 实例 功能
建筑 制图 工具 标准 比例 日期 东南西北
指示 士作 实木 油漆 树脂 装饰 陈设 植物
窗帘 布艺 项目 规格 名称 单位 毫米 长宽
高面积 尺寸 标注 轴线 定位 暗槽 操作 砂
网 弹簧 瓷砖 乳胶漆 聚氯酯 铝合金 轻钢
龙骨 浴霸 排气扇 抽油烟机 消毒 材质 黑
胡桃 沙比利 泰柚 水泥 砂浆 布青布 实 折
断线 纤维 松 编织 金属 塑料 有机 玻璃 地
毯 镜子 亚克力 陶瓷 石膏 粉刷 石材 门窗
台阶 洞口 墙体 承重 环境 防潮 仿古 隔热
棉形状 创造 客厅 大堂 玄关 阳台 房间 主
次卧室 卫生间 厕所 厨房 储藏 工作 健身
娱乐 阅读 公寓 淋浴 戈柜 口口人 床 隔断 去
撑梁 架柱 楼梯 扶手栏杆 走廊 集成 索入
口 引符号 文字 说明 方案 通风 烟道 内外
视景 遮挡 家具 贵妇 椅 沙发 餐桌 插座 电
视 冰箱 空调 甲灶 抽屉 办公 文化 教育 科
体育 休闲 医疗 酒店 展览 纪念 住宅 宿舍
影剧院 俱乐部 卡拉 壁橱 盟洗 烟道 专科
风格 流派 照明 映托 采光 吸音节 类 程序
类型 卤素 萤光 色温 设备 构件 空间 价值

图7-3　草图字体（作者：叶锐）

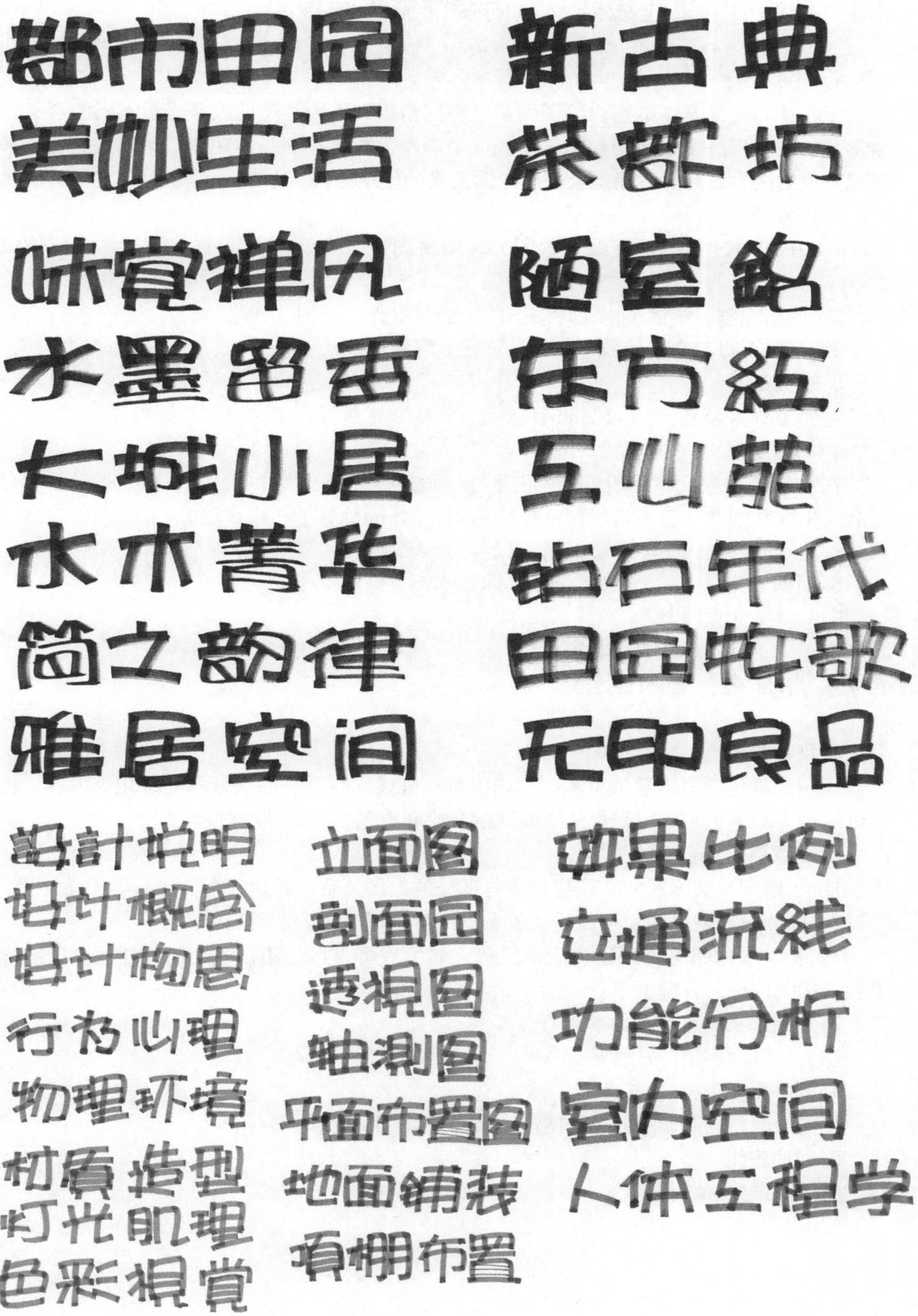

都市田园　新古典

美妙生活　茶歆坊

味觉禅风　陋室铭

水墨留香　东方红

大城小居　匠心苑

水木菁华　钻石年代

简之韵律　田园牧歌

雅居空间　无印良品

设计说明　立面图　如果比例

设计概念　剖面园　交通流线

设计构思　透视图　功能分析

行为心理　轴测图　室内空间

物理环境　平面布置图　人体工程学

材质造型　地面铺装

灯光肌理　顶棚布置

色彩视觉

图7-4　POP字体（作者：叶锐）

7.3   训练 3：工程线条及室内装饰施工图抄绘

1. 训练目的
工程线条是最基本的室内绘图元素，不同粗细和不同类型的线条表示不同的意义。教学目的在于训练学生运用绘图仪器或徒手绘制工程线条的基本功和运用线条的变化来表现对象的能力，并熟悉建筑及室内绘图工具的使用方法。

2. 注意事项
1）在抄绘过程中了解设计意图，理解室内平、立、剖面图的相互关系及比例设置。

2）构图完整，掌握室内设计制图的画法、步骤、图例及规范。

3）图线不得与文字、数字或符号重叠、混淆。

3. 主要工具
主要工具为铅笔、0.1~1.2mm针管笔、圆规、三角板、丁字尺、绘图板等。

4. 训练要求
在A2图幅中按比例用铅笔线绘出平面、顶棚、立面及大样等底稿，然后用针管笔分粗线、中线和细线等级进行绘制。粗线用0.8~1.2mm针管笔，中线用0.5~0.8mm针管笔，细线、虚线或点画线用0.1~0.5mm针管笔。

5. 时间安排
时间安排共12课时。

7.4   训练 4：室内配景

1. 训练目的
室内配景包括室内装饰材料、室内家具、陈设、灯具、人物及植物绿化等内容，教学目的是训练学生对室内配景从了解到学会绘制再到学会设计的过程。

2. 注意事项
1）了解配景实际尺寸，注意物体各部分的比例关系，以达到真实感。

2）物体应高度概括，考虑透视关系，注意轮廓、层次、明暗等。

3）初学可用铅笔勾画室内配景底稿，熟练后可直接运用钢笔绘制，然后上墨线或上彩，构图自拟，数量不限。

3. 主要工具
主要工具为钢笔、针管笔。

4. 训练要求
将室内配景绘制于一幅A3图幅中，绘制内容可参考图7-5~图7-8。

5. 时间安排
时间安排共8课时。

图7-5 室内配景——家具（作者：陈新生）

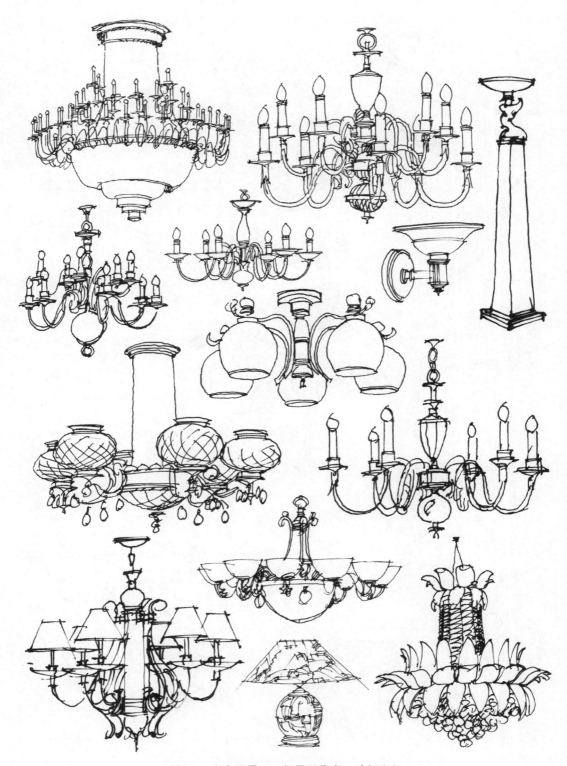

图7-6 室内配景——灯具（作者：陈新生）

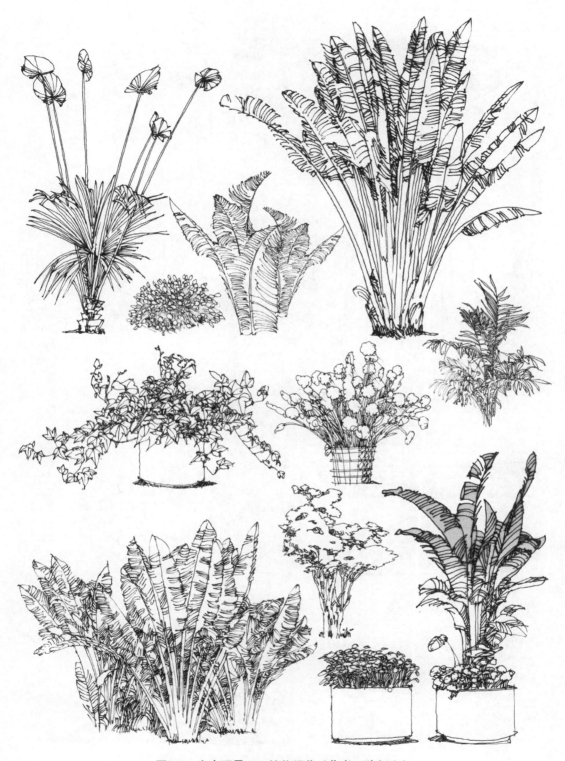

图7-7　室内配景——植物绿化（作者：陈新生）

图7-8 室内配景——人物及汽车（作者：陈新生）

7.5 训练5：室内透视表现图

1. 训练目的

使学生懂得如何运用透视原理表达室内设计构思，并能够使用不同工具材料来进行室内透视表现图的绘制。

2. 注意事项

1）掌握透视规律和主要透视形式：平行透视和成角透视。

2）掌握透视的画法技巧，确定视平线高度。灵活运用各种工具和材料来表现室内空间内容，重点突出，大胆取舍。

3. 主要工具

主要工具为铅笔、0.1~1.2mm针管笔、三角板、丁字尺、绘图板等。

4. 训练要求

1）将平行透视和成角透视表现图各一幅表现于A3图幅中，绘制内容可参考图7-9、图7-10。

2）用笔和配色方法可在课外多加练习。

5. 时间安排

时间安排共12课时。

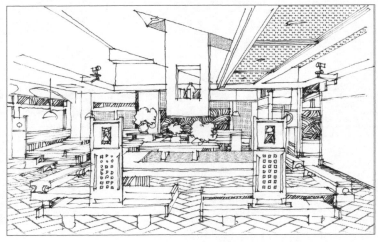

图7-9　室内透视快速表现图（作者：陈新生）

图7-10　室内透视快速表现图（作者：陈新生）

相关延伸阅读

第一章

[1] 侯平治. 现代室内设计 [M]. 台北：大陆书店，1971.

[2] 王建柱. 室内设计学 [M]. 台北：视觉文化事业股份有限公司，1976.

[3] 张绮曼，郑曙旸. 室内设计资料集 [M]. 北京：中国建筑工业出版社，1991.

[4] 卢安·尼森，雷·福克纳，萨拉·福克纳. 美国室内设计通用教材 [M]. 陈德民，陈青，王勇，等译. 上海：上海人民美术出版社，2004.

[5] 娄永琪，Pius Leuba，朱小村. 环境设计 [M]. 北京：高等教育出版社，2008.

[6] 李瑞君. 室内设计原理 [M]. 北京：中国青年出版社，2013.

第二章

[1] 缪朴. 传统的本质（上）——中国传统建筑的十三个特点 [J]. 建筑师，1989，36（12）：56-67.

[2] 缪朴. 传统的本质（下）——中国传统建筑的十三个特点 [J]. 建筑师，1990，40（3）：61-69，80.

[3] 侯幼彬. 中国建筑美学 [M]. 哈尔滨：黑龙江科学技术出版社，1997.

[4] 李允鉌. 华夏意匠：中国古典建筑设计原理分析 [M]. 天津：天津大学出版社，2005.

[5] 汉宝德. 中国建筑文化讲座 [M]. 北京：生活·读书·新知三联书店，2006.

[6] 王贵祥. 东西方的建筑空间：传统中国与中世纪西方建筑的文化阐释 [M]. 天津：百花文艺出版社，2006.

[7] 陈志华. 外国建筑史（19世纪末叶以前）[M]. 4版. 北京：中国建筑工业出版社，2009.

第三章

[1] 彭一刚. 建筑空间组合论 [M]. 2版. 北京：中国建筑工业出版社，1998.

[2] 杨裕富. 空间设计：概论与设计方法 [M]. 台北：田园城市文化事业有限公司，1998.

[3] 爱德华·T. 怀特. 建筑语汇 [M]. 林敏哲，林明毅，译. 大连：大连理工大学出版社，2001.

[4] 程大锦. 室内设计图解 [M]. 陈冠宏，李娜，译. 大连：大连理工大学出版社，2003.

[5] 程大锦. 建筑：形式、空间和秩序 [M]. 2版. 刘丛红，译. 邹德侬审校. 天津：天津大学出版社，2005.

[6] 史坦利·亚伯克隆比. 室内设计哲学 [M]. 赵梦琳，译. 天津：天津大学出版社，2009.

第四章

[1] J.约狄克（J.Joedicke）. 建筑设计方法论 [M]. 冯纪忠，杨公侠，译. 武汉：华中科技大学出版社，1983.

[2] 保罗·拉索. 图解思考——建筑表现技法 [M]. 3版. 邱贤丰，刘宇光，郭建青，译. 北京：中国建筑工业出版社，2002.

[3] 马克·卡兰. 建筑设计空间规划 [M]. 隋荷，译. 大连：大连理工大学出版社，2004.

[4] 盖永成. 室内设计思维创意 [M]. 北京：机械工业出版社，2011.

[5] 郑曙旸. 室内设计程序 [M]. 3版. 北京：中国建筑工业出版社，2011.

[6] 郑曙旸. 室内设计·思维与方法 [M]. 2版. 北京：中国建筑工业出版社，2014.

第五章

［1］中国建筑标准设计研究院组织编制.国家建筑标准设计图集 民用建筑工程室内施工图设计深度图
样06SJ803［M］.北京：中国计划出版社，2009.

［2］中华人民共和国住房和城乡建设部，中华人民共和国国家质量监督检验检疫总局.GB/T 50001–
2010 房屋建筑制图统一标准［S］.北京：中国计划出版社，2010.

［3］中华人民共和国住房和城乡建设部，中华人民共和国国家质量监督检验检疫总局.GB/T 50104–
2010 建筑制图标准［S］.北京：中国计划出版社，2010.

［4］中华人民共和国住房和城乡建设部.JGJ/T 244–2011 房屋建筑室内装饰装修制图标准［S］.北京：
中国建筑工业出版社，2011.

参考文献

[1] 田学哲. 建筑初步 [M]. 2版. 北京：中国建筑工业出版社，1999.

[2] 朱德本，朱琦. 建筑初步新教程 [M]. 上海：同济大学出版社，2006.

[3] 来增祥，陆震纬. 室内设计原理 [M]. 北京：中国建筑工业出版社，1996.

[4] 陈易. 室内设计原理 [M]. 北京：中国建筑工业出版社，2006.

[5] 冯柯，黄东海，韩静霁，等. 室内设计原理 [M]. 北京：北京大学出版社，2010.

[6] 崔冬晖. 室内设计概论 [M]. 北京：北京大学出版社，2007.

[7] 陈新生，班琼. 室内设计 [M]. 合肥：安徽美术出版社，2004.

[8] 王其钧. 室内设计 [M]. 北京：机械工业出版社，2007.

[9] 霍维国，霍光. 室内设计教程 [M]. 2版. 北京：机械工业出版社，2011.

[10] 郑曙旸. 室内设计·思维与方法 [M]. 北京：中国建筑工业出版社，2003.

[11] 中国建筑装饰协会. 中国建筑装饰协会室内建筑师培训教材 [M]. 哈尔滨：哈尔滨工程大学出版社，2005.

[12] 《建筑设计资料集》编委会. 建筑设计资料集1~10 [M]. 2版. 北京：中国建筑工业出版社，1994.

[13] 张绮曼，郑曙旸. 室内设计资料集 [M]. 北京：中国建筑工业出版社，1991.

[14] 陈新生，班琼，陈蓓，等. 室内设计资料图典 [M]. 合肥：安徽科学技术出版社，2006.

[15] 高祥生，韩巍，过伟敏. 室内设计师手册 [M]. 北京：中国建筑工业出版社，2005.

[16] 郑成标. 室内设计师专业实践手册 [M]. 北京：中国计划出版社，2005.

[17] 吴曙球. 建筑物理 [M]. 天津：天津科学技术出版社，1998.

[18] 刘盛璜. 人体工程学与室内设计 [M]. 北京：中国建筑工业出版社，2004.

[19] 杨鸿勋. 杨鸿勋建筑考古学论文集：增订版 [M]. 北京：清华大学出版社，2008.

[20] 霍维国，霍光. 中国室内设计史 [M]. 2版. 北京：中国建筑工业出版社，2007.

[21] 李洋，周健. 中国室内设计历史图说 [M]. 北京：机械工业出版社，2009.

[22] 李宗山. 中国家具史图说 [M]. 武汉：湖北美术出版社，2001.

[23] 赖德霖. 中国近代建筑史研究 [M]. 北京：清华大学出版社，2007.

[24] 杨冬江. 中国近现代室内设计史 [M]. 北京：中国水利水电出版社，2007.

[25] 陈志华. 外国建筑史（19世纪末叶以前）[M]. 3版. 北京：中国建筑工业出版社，2004.

[26] 沈理源. 西洋建筑史 [M]. 黄清明校注. 北京：知识产权出版社，2008.

[27] 罗小未，蔡琬英. 外国建筑历史图说 [M]. 上海：同济大学出版社，1986.

[28] 陈平. 外国建筑史：从远古至19世纪 [M]. 南京：东南大学出版社，2006.

[29] 约翰·派尔. 世界室内设计史 [M]. 2版. 刘先觉，陈宇琳，等译. 北京：中国建筑工业出版社，2007.

[30] L·本奈沃洛. 西方现代建筑史 [M]. 邹德侬，巴竹师，高军，译. 天津：天津科学技术出版社，1996.

[31] 王受之. 世界现代建筑史 [M]. 北京：中国建筑工业出版社，1999.

[32] 中华人民共和国住房和城乡建设部.JGJ/T 244—2011房屋建筑室内装饰装修制图标准 [S].北京：中国建筑工业出版社，2011.

[33] 陈新生. 建筑钢笔表现 [M]. 3版. 上海：同济大学出版社，2007.